識人談判課

無糖律師——著

直指人心的五大談判風格，
讓你精準談出好關係、好工作、好人生！

推薦文

談判是一輩子的事

趙少康／中廣前董事長

《識人談判課》，既談識人，也論談判，兩者都是現代人每天面臨的重要課題。無糖律師把「識人」跟「談判」連結在一起，對不同的人有不同的談判技巧，實在很高明。

自古「識人」就受到重視，孔子的「聽其言而觀其行」、孟子的「觀其眸子，人焉廋哉」，都在說明如何識人。我在講授「推銷技巧」課程的時候，也告訴業務人員：「你一眼就要了解你推銷的對象。」然後才能「投其所好」。譬如一進他的辦公室，看到滿牆掛的都是他的各種證書、獎狀，就知道他是一個好大喜功的人；如果他桌上擺的是全家照片，就明白他是一個重視家庭的人……另外觀察他的眼神、聲音、肢體語言，大概都能判斷個八九不離十。此時立刻要抓住他的注意力，讓他對你和你的產品的有興趣。

而「談判」更是我們從小到大每天都在做的事情，只是我們不一定知道我們是在談判。「談判」也是一種「說服的過程」，希望別人接受你的觀點、要求或條件，講得輕一點是討論，講得重一點就是談判。

你沒想過的談判方式

無糖律師以「衝突管理模型」為基礎，分析「競爭、退讓、迴避、妥協、合作」五種談判風格，並以「獅子、綿羊、鴕鳥、狐狸、貓頭鷹」五種動物形象作為代表，旁徵博引，告訴我們對什麼人要採用什麼談判技巧。深入淺出，舉例生動，娓娓道來，婉轉動聽，讓人一看就捨不得放下這本書。

無糖律師本身學養深厚，既是律師，又通會計財務，加上多年執業經驗，閱人無數。她居中處理過很多複雜的商務、財務、離婚談判，由她根據理論與實務來寫這本書，真是再恰當不過。

世界上本來就有各種不同的人，談判的對象也就形形色色、千奇百怪。我二十多歲在美國公司服務，待遇很好；也因為服兵役在內湖工兵學校當教官，對中央民代大湖山莊的房子有興趣。有人介紹一位想賣房子的國大代表太太，我到她家談判房子的價格，她在紙條上寫下「兩百九十萬」，我說讓我考慮幾天。等到約好那天，她說兩百九十萬不賣了。我把她寫的字條拿出來，她一把搶了，當場塞到嘴裡吞了下去。「我什麼時候說過兩百九十萬？」我完全沒想到一個國會議員的太太會做這種事，也讓當時年輕的我開了眼界。

其實很多小朋友從小就懂談判的道理，有次我搭飛機，有個小朋友在機上吵鬧，媽媽哄他說：「你不要鬧，等等空服人員才會給你玩具。」這小朋友回說：「我鬧，她才會給我玩具。」過了一會，空服員果然拿著玩具過來安撫他。還有一次，我到任職的美國公司開會；當時台灣蘋果很貴，我想買一箱蘋果帶回來，美國同事的太太因此陪我去超市。她的小女兒想買超市的甜點，媽媽不准。說時遲那時快，小女生一下子就在甜點上咬了一口，造成既成事實。媽媽氣得要死，卻也無奈，只好付錢買下。真讓我感嘆後生可畏！

又譬如美國的勞工常常鬧罷工，輪流舉牌在公司或工廠門口遊行示威，嚴重的更因停工造成公司損失，這時勞資就要談判。公司如果派太小的主管出來，勞方一定不滿；但如果大老闆出動，又沒有緩衝餘地。所以大公司常設有一個副總經理，專門負責勞資談判——位子夠高，但又不能承諾，因為後面還有老闆。

學會談判，並談出高度

《識人談判課》講的就是對不同的對象「因才施教」。談判的方式不外乎「漫天要價，就地還錢」、「以進為退，以退為進」、「小題大作，大題小作」，以及「誘敵深入」、「死線威脅」、「極限施壓」、「見好就收」等。但不管對象是誰、使用什麼談判技巧，給對方一點周旋餘地，心存善念，不要存有害人之心，總是比較好。買賣不成仁義在，世界這麼小，山不轉路轉，總會有再相遇的時候。誠意與信用是無價的，一輩子跟著你走。

無糖律師的上一本書《誰說只是約會，你就不必懂法律？》很受歡迎，我訪問過她，驚訝地發現她不僅理論基礎深厚，實際經驗更是豐富。口才辨給、條理分明，用實際的例子解釋深奧的法律。她學識好、表達能力強，美麗又有涵養氣質，是年輕一代的佼佼者，難怪很多機關團體搶著邀請她去演講。

鼓勵你開始閱讀《識人談判課》，保證你的談判功力會躍上另一個層次。

推薦文

找到最適合自己的「好樣子」

郝旭烈／暢銷作家、企業講師、Podcast《郝聲音》節目主持人

近幾年不管是出書的分享會，又或是企業內訓的課程，以及各種不同邀約的演講，常有觀眾或學生問我：「郝哥，你看起來好親切，都不會生氣的樣子。」

我通常會帶著笑容，睜大眼睛對他們說：「那是因為我們現在的關係，讓我們彼此間可以保持親切的氛圍啊。我以往在工作上的時候，可就不是這個樣子了。」

聽到我的回覆，更多人會好奇追問：「所以，郝哥你以前在公司上班的時候，也會發脾氣嗎？」

這時候，我往往會哈哈大笑，然後再一次親切地對他們說：「如果是在以前非常高壓的半導體工作那段時間，你應該要問的是，我不發脾氣的時間有多少？」

畢竟，不同的場合、不同的關係、不同的需求，會造就我們不同的角色扮演。像往日在高壓的環境之下，常常沒有太多時間去聽對方在說什麼，一心一意地只想表達自己的意見，希望別人接收、接受。認為只要論點夠有力、態度夠堅決，就能說服對

方，掌握局勢。

然而，情緒化的表達不但無法有效溝通，反而可能激化對立，讓彼此陷入僵局，甚至失去原本可以達成共識的機會。

真正高明的談判者，懂得「強勢並不等於有效，爭論也不代表能取得優勢」的道理；也知道要掌控談判節奏，甚至適時讓步，以換取最為重要的利益；尤其在面對不同對手時，更明白情緒的表達、文字語氣的運用，都需要有不同的角色轉換，才可能找到影響對方決策的最佳切入點。

這也是《識人談判課》很重要的分享與啟發。無論面對的是強勢對手、善變難測的夥伴，或是看似軟弱但暗藏鋒芒的人，都不能只用同一種「樣子」應對。懂得因地制宜、因勢利導；透過理解他人的角色，進而調整自己的角色，才能達成談判或溝通想要的目的。

如一句老話：「知己知彼，百戰不殆。」至於「身經百戰」的無糖律師，對於不同的談判局又有何解讀？在辦公室利益分配的戰場上、在人際感情的拉鋸中，甚至是每個人都可能與銀行談的「錢」，她會如何談出好結果？這就是本書的精彩之處了。

誠摯推薦這本《識人談判課》，讓我們不光看見別人的樣子，更找到在不同談判局中，最適合自己的「好樣子」。

專業推薦

如果你覺得談判很難，那是因為你還沒遇到無糖律師！

這本書就像一場超有趣的動物大亂鬥，教你用最輕鬆的方式學會「識人談判」。獅子、綿羊、鴕鳥、狐狸、貓頭鷹——五種談判風格一目了然，二十四個精彩案例無痛上手。不僅是一本談判書，更是一本「識人」攻略，讓你自信滿滿地迎戰人生每一場較量！值得放進你的生存寶典。

——**周品均**／唯品風尚集團執行長

你不必是律師，也可以善用裡面的技巧為自己爭取更多。

無糖律師這本《識人談判課》有具體的談判理論框架，輔以眾多真實且貼近你我生活的故事，按圖索驥，你也可以善用書中的交換、合作利益，甚至是營造壓力、時間以及信任，提升自己的談判能力。

——**鄭均祥**／言果學習創辦人暨執行長

談判無所不在，這是我在企業培訓與顧問工作中最深刻的體會。無論是與客戶談合約、與團隊協商專案，甚至與家人溝通生活安排，談判其實就是影響力的展現。

無糖律師透過「衝突管理模型」與五大談判風格，幫助我們快速識別對手、靈活應對，讓談判不再只是硬碰硬，而是找到雙贏的方案。書中案例生動，能幫助我們在職場、商業、甚至日常生活中，更精準地與人溝通、爭取資源、建立長遠合作。

作為企業顧問，我深知「會談判」不是爭輸贏，而是談出好關係、好機會。我誠摯推薦這本書，幫助你提升影響力，談出更好的未來！

——**林揚程**／太毅國際顧問執行長

無糖律師不但是律師，同時也是一位談判專家，但我更認為她是一個好老師。她的新作《識人談判課》可以說是新型態的談判教科書，教你「先識人，再談判」。融合理論與多年經驗，你將學會如何理解談判對手的風格，並透過不同情境，明白理論如何應用。

例如：朋友跟你借錢、商場上的談判、辦公室政治、公司募資、商業併購……這些案例可以擴增你的思考認知、累積談判的資料庫。即使你是第一次面對，也能提早擬定作戰策略，在談判的領域中談笑風生。

你唯一要注意的事情，就是不能讓競爭對手看這本書，被他們學會就慘了！

——**雷浩斯**／價值投資者、財經作家

《識人談判課》是一部結合理論與實戰的談判指南。留美的無糖律師執筆，融合古今中外知名的談判模型，精煉出一套實用的方法論。

談判無處不在，尤其在B2B銷售領域，業務人員與客戶、合作夥伴、內部團隊交涉等，談判是必修技能，成功的關鍵更在於「知己知彼，百戰百勝」。

本書提供的系統化模型與策略，讓讀者能夠靈活應對不同情境，不僅提升談判能力，更能在職場與生活中取得優勢。

不論來自哪個行業，若想強化溝通與談判技巧，這本書絕對值得細讀。融會貫通後，將能談出好關係、談出好工作、談出好運氣，最終談出更精彩的人生！

——**范永銀**／SAP Taiwan 思愛普軟體系統股份有限公司業務總經理

或許你會問：有沒有一套放諸四海皆準的談判技巧？當然沒有，就像你和家人、朋友、同事或老闆，甚至是討厭的對象，也不會用同樣的方式溝通與表達，對吧？但也無須感到沮喪或焦慮，要學會談判，還是有準則可以依循的。比方說，我們可以去理解在零和利益、交換利益、合作利益等不同情境下，該採取什麼樣的談判策略？面對不同的談判者風格，如競爭的獅子、迴避的鴕鳥、退讓的綿羊、妥協的狐狸和合作的貓頭鷹，又該怎樣的應對？

這本書深入淺出地探討了談判的各個面向，不僅闡述了談判的本質，更提供了實用的技巧與策略，適合所有想提升談判能力的人士閱讀。

——**劉奕酉**／鉑澈行銷顧問策略長

談判的風格來自於哪裡？當然來自於「人」。

面對不同的人，產出不同的談判風格，才能夠對症下藥，達陣成功。

無糖律師以執業的實戰經驗，導入生活中的談判運用。以人為本的談判風格設定，不僅讓讀者容易入手，更可以廣泛地應用在生活的不同層面。

——**王介安**／GASロ語魅力培訓®創辦人、廣播主持人在大家的印象中，律師通常都比較嚴肅，無糖律師卻不同，她沒有冷冰冰的距離感，懂得用親和務實的方式與人溝通，讓人願意放心地把重要的案子託付給她。

這次很榮幸可以推薦無糖這本《識人談判課》，這本書透過二十四個實戰案例以及五種具體的動物形象，讓您清晰了解各角度的談判技巧。我相信您看完這本書，不管是從商業交易、職場協商，到日常人際互動，都會非常有感。

——**老獅說** Lion／老獅說媒體學院創辦人、領頭羊媒體科技執行長

目錄

PART 1

先識人，再談判

PART 2

與獅子談判

PART 3

與綿羊談判

PART 4

與鴕鳥談判

PART 5

與狐狸談判

PART 6

與貓頭鷹談判

自序

律師生涯中的談判經驗

律師是個幾乎睜開眼就得處理人們衝突的職業。人們帶著各種疑難雜症上門求助，而身為律師的我們要如何「使力」，才能適當地幫助到委託人？

在律師生涯中，我看過大大小小的衝突，有因利而生、因情而起，更多的是因勢而發。許多當事人根本沒想到自己會有身陷「局」裡的一天，卻不得不去處理和面對。各種衝突的成因不同、主角們個性不同、時空背景不同、對手實力不同。某個個案能夠運作的談判方式，可能在另一個個案卻無法適用，甚至適得其反。

我曾經處理過兩個很類似的勞資糾紛：兩個老闆的個性都類似，理性中帶著些許霸氣，但兩位離職員工的個性迥然不同，一位看似謙和有禮，但他的內心其實早已決定，只要拿不到自己想要的，就會把前老闆一狀告進法院，周旋到底；另一位員工在與我協商時，三不五時展現真人版河東獅吼，我卻在她的眼裡讀到「我想趕快結束這一切」的訊息。

哪一位實際上花了我比較多的時間精力去處理？答案是前者。以一般人的理解，可能會以為，柔弱的綿羊好欺負，可以予取予求不留餘地；對於咆哮的獅子，大家反而禮讓三分。但在真實世界中，你看到的綿羊可能因為手中握有談判籌碼因而淡定，嘶吼的獅子反而可能是隻不具殺傷力的大貓。

為什麼我要寫這一本書？當律師這麼多年，我發現人與人間的矛盾衝突，若當事人能有好好溝通的談判能力，往往可以免除許多不必要的爭議，甚或訴訟之累。

在法律程序中，有所謂的「和解」、「調解」，甚至對於特定事件在提起訴訟前，會規定當事人間應先行「強制調解」的程序，未經調解，不得進入法院爭訟。比如道路交通事故、醫療紛爭、僱傭契約爭議、合夥爭議等，均屬於「強制調解」事件。就連訴請離婚，法院於起訴前也會先行安排當事人進行調解，調解不成才會進入審判程序。立法者認為，當事人如果「好好談」就能夠解決事情，又何必鬧進法院裡動刀動槍呢？

可不是嗎？若能坐下來好好談，為什麼要勞心勞力打官司？這時，一定有很多人會問：「可是我要怎麼讓對方願意坐下來，好好和我談呢？」

這就是門學問了，面對各種不同的交易情境、談判對手，該用什麼態度談？該積極？該退讓？甚至談不成要如何優雅離場，不傷雙方和氣？談判不僅是技巧，更是門藝術。

本書的前六章，我將介紹重要的談判理論和工具，在模型的架構輔助下，讓你更有系統、更快速地掌握談判技巧。接下來的章節則融合了我的實戰經驗，不妨想想，如果是你遇到這樣的談判情境、難題，又會怎麼做。

讀完這本書，可能會顛覆你對談判的刻板印象——原來談判不是只充滿了「競爭」和「爭奪」！談判中也有可能藉由彼此探索、溝通的過程，建立起雙方信任，開啟合作模式。

更重要的是，談判既然以「人」為本，每個人的脾氣、個性、教養、習慣、風格都不一樣，所以沒有一個「固定方程式」。如何在談判桌上一眼識出對方本色，據此選擇適合的談判策略和方式，將決定你是否能夠有效地解決問題於開端，讓它日後不至於惡化到不可收拾。

一場好的談判，可以談出素質、談出高度，甚至談出共患難的情誼。希望這本書不止能幫助你提升談判力，更能幫助你談出好關係、談出好工作、談出好運氣、談出好人生！

PART 1

先識人，再談判

最好的談判沒有「最正解」，更沒有固定公式。
好比我們去運動時會穿上舒適的運動服，
去工作會著正裝，去約會時則會穿上帥氣美麗的衣裳。
不同的人，不同的場景，談著不同的事情，
怎麼可能全都用同一套談判公式呢？

第1章

談判者，你要「會」什麼？

談判是什麼？律師生涯中，我們經常需要與人談判。然而，一般人是否就沒什麼談判的機會呢？

和老闆談加薪、和不對盤的情人談分手、對婚姻裡的另一半談家事分工、說服父母別再逼自己選填沒興趣的志願、與長輩溝通能否不要繼續做自己沒有熱情的工作、教育孩子們不要一天到晚玩手機、親人間談遺產分配規劃、和離婚中的準前夫前妻談財產分配與孩子親權，甚至連你去菜市場買菜，可能都要想一下如何說話才會讓老闆願意多送你幾把蔥……

信手拈來，談判的例子比比皆是，正因為我們的生活中，無處不是談判。

說穿了，談判就是一種溝通的方式。藉由互相溝通理解的過程，從中交換資訊，評量各方矛盾衝突，再找出雙方或多方都能接受的解決方案。通常懂溝通的人未必擅於談判，但擅於談判者，一定具備良好的溝通技能。

有人誤以為談判就是「讓對方願意給予我想要的」、「實現我所期待的」、「按著我要的方式執行」。

這樣的想法，對，也不對。談判的目標的確是要保障自身利益、爭取更多利益，甚至獲取原本不屬於自己的利益。但「談判」的框架也可以更廣、更大，甚至有機會談到一個「大家都能接受的解決方案」。

這個談判結果，形式上或許是一種利益或價值的交換，但價值不一定存於現在，可能是還沒被發現的「潛在利益」，也可能是存在於未來的「未來利益」；談判雙方追求的利益也未必會互斥，甚至可以追求「共同利益」。

坊間有許多談判理論，不可否認的，「理論」是研究一門學問最有效率的方式，提供大眾一個高效學習的框架。但「談判」的本質是一種技巧，非純屬理論。既然是技巧，就要多練習才會熟能生巧。若只懂得學說，卻不懂如何運用在實際生活中，最終恐怕淪為紙上談兵。

想要成為一個好的談判者，除了學習基本的談判理論之外，還必須找機會磨練良好的談判技巧，這包含蒐集情報、控管情緒、傾聽且同理別人、細心觀察周遭變化、體察對方在談判時細微的面部表情和肢體動作改變。你會需要培養好的合作能力、充實與談判議題相關的背景知識……當然，還要有不可或缺的勝負心，以及跑到談判終點的毅力。

談判是一種綜合能力的高度展現，若能集結愈多的談判成功因子，收穫談判成果的機率也將提升。

第2章

你要的，剛好是我不要的？——論談判利益的類型

在決定我們要用什麼談判姿態去面對談判對手時，有個前提需要先釐清，那就是談判雙方間的「利益」態樣。

在某些時刻，並不是我們貪心，而是情勢逼得我們不得不和對方爭取到底，只因為對方若成功，那必然是踩在我們的屍體上才能獲取勝利；而在另一些時刻，我們則有機會和對手建立信任關係，一起創造雙贏，滿足彼此需求，讓談判桌上的每一方都皆大歡喜。

零和利益

當談判屬於零和利益局面時，你每多一份利益，就意味著我多一份損失。此時，談判桌上的雙方利益的總和為固定，雙方並沒有去追求「共好」的可能。我和你之間

只能有一個贏家，彼此利益相衝突，不是你死就是我活。

典型零和利益的例子如：選舉、股市中的投機交易、賭博、一般的買賣交易。

在利益總和為固定的前提下，談判的各方參與者將必須共同分食一塊大餅，因為這塊餅無法被做大，各談判方必然會運用策略去爭取其最大利益。如此一來，參與的各方為求自身利益最大化，容易落入以相互競爭為導向的談判方式。

以選舉來說，一個地方只選出一名首長，各個候選人努力拚選舉，不外乎就是為了贏得當上地方父母官的「唯一」位子。候選人間沒有合作的空間，因為選舉的結果「不是你死，就是我亡」，你贏了就代表我輸了，所以我不能輸。

交換利益

在談判中，有時彼此「立場」看似針鋒相對，但若再仔細分析局勢，會發現談判各方所想要的「利益」不盡相同。「立場」和「利益」是不同的概念，若把利益和立場混為一談，很容易把原本該輕鬆談妥的事給搞砸了。

以談判學中著名的「分橘理論」來說，兩人爭取一顆橘子，但其實甲方要的是橘皮，乙方要的是橘肉。雙方都想盡辦法要獲得這顆橘子，表面上似乎「立場」對立，但其實各自所想要得到的「利益」不同。

此時，雙方若能充分溝通，就會知道如何得到一個兩全其美的結果——把橘皮分給甲，橘肉分給乙，各取所需，皆大歡喜。若雙方在談判中，未能好好溝通彼此需求，一味競爭，結果將是把一整顆橘子給予某一方，勢必造成橘皮或橘肉白白浪費。

所以，在談判時要先弄清楚對方想要的利益是什麼，如果對方想要的利益和我要的利益不相衝突，又何必白花力氣去競爭？交換利益即可滿足各方需求。

舉個實際案例，一企業對內部員工釋出「海外專案負責人」的職缺，打算於公司內部擇優遴選。甲、乙兩人是公司內部對這個職務「唯二」有資格的員工，而兩人都想要爭取這個職缺。

甲的目的是想藉此頭銜作為日後晉升管理職的跳板，卻因顧慮雙親年事已高，恐有困難；乙倒是無心管理職，純粹想趁著自己還年輕，藉著海外工作的機會，多多體驗不同風土民情。表面上看似立場相對立，但兩人著眼的利益其實不同。如此一來，就產生出合作的空間。假設甲能承諾乙，日後一旦他當上專案負責人，定會收編乙為專案成員，並安排調派至海外工作，以此來說服乙不要和他競爭「專案負責人」這個職銜。或許如此安排，兩方反而均能得償所願、合作愉快！

在交換利益的談判情境下，談判雙方的關係不若零和利益那樣緊張。彼此有較大的合作空間。即便一方需求無法百分之百地被滿足，也有機會退而求其次，妥協於中間平衡之處。

合作利益

現今經濟行為日益複雜，許多競爭不再是單純的競爭關係，偶爾在競爭中還帶有合作機會，繼而在合作中繼續彼此的競爭。今天的敵人，也可能成為明日的朋友，這種亦敵亦友的關係，在現今商場上已是常態。

當在談判局中，參與的談判者均願意共好，創造共同價值，而利益又非屬零和利益時，可以透過充分溝通來知悉彼此需求，建立相互信任的關係，一起「把餅做大」。原本在同一區相互競爭的兩家飲料店，兩邊都覺得在價錢上互相砍殺，已經導致雙方快要無利可圖，於是決定攜手共創品牌，結合彼此強項，讓一加一大於二。

從理性思考的角度看，如果與人合作，反而利潤更豐厚，那何不放下心中成見，把市場做大，實現雙贏呢？

第3章

談判有公式嗎？——影響談判策略的八個元素

許多人常常會問一個問題：要怎麼樣談判，才是「最正確」、「最好」的談判技巧、談判策略？

在我的眼裡，最好的談判沒有「最正解」，更沒有固定公式。有經驗的談判者，對其採用的談判策略和風格會因地制宜、因人而異。就好比我們去運動時會穿上舒適的運動服，去工作會著正裝，去約會時則會穿上帥氣美麗的衣裳。不同的人，不同的場景，談著不同的事情，怎麼可能全都用同一套談判公式呢？

既然談判場景變化萬千，影響談判風格的關鍵因素有哪些？在談判過程中，我試圖找出影響一個人談判策略和風格的八個重要元素，於以下討論：

一、壓力

一位談判者在沒壓力和有壓力的狀態下，他的談判風格可能是很不一樣的。

當一方在沒什麼壓力的狀態下，對於談判標的抱著「可有可無」的心態，或是他著眼的並不在於當下的談判，可能採取比較隨和，甚至隨便的談判風格。當談判標的不太會影響到他，他會願意妥協，甚至是退讓（隨和的姿態）；但如果有可能會損害到他原本利益時，則可能選擇迴避、不處理（隨便的姿態），來拒絕談判。

相反的，當談判的任何一方有著強大壓力，或秉著「非達目標不可」的態度時，他所展現出來的可能是比較積極的、攻擊性較高的、不易退讓的、競爭性較強的談判風格。

以離婚為例，假設一位人妻在婚姻中覺得痛苦萬分，她想要離婚的壓力比較大，盼「速戰速決」，談離婚的態度就會比較強勢。但此時，如果「被提離婚」的先生覺得待在婚姻中沒什麼壞處，在家有人幫他燒飯洗衣帶小孩，在外有小三小四陪伴好不快活，就可能會採取迴避態度，躲起來擺爛不處理。

而在一般商務談判中，一旦發生壓力指數爆表、雙方劍拔弩張的局勢時，此時最好的應對策略是適度按下暫停鍵——迴避。拉開時間或空間，讓彼此恢復理智，別在情緒高點之時回應談判對手，否則兩邊人馬容易進入意氣之爭的「競爭模式」。談判最怕在思緒不清、情緒高亢、純粹為出一口氣的狀態下，衝動行事。

二、複雜性

你要談判的事情有幾個談判關鍵點？是屬於單點的事務，還是有許多因素需要納入考量？

舉個日常生活中的例子，當我要和你開個會，如果我只是問：「星期一或星期三哪一天有空？」你回道：「只有星期五有空。」這時，我們的矛盾出現了，但問題並不難解決。我可以選擇配合你，改為星期五開會；或是我星期五另有安排，我可以再提議新的時間，看看你有沒有其他的時間可以互相配合。

假使，我現在向對方提出開會邀請，問題除了「什麼時候開會」，還包含「會議要討論什麼主題」、「是否還要邀請其他人與會」、「要在哪裡開會」、「是否需要全程錄音錄影」、「會後是否需要作成正式報告」……如此一來，雙方達成合意的難度就提高了，因為雙方必須對開會的「人、事、時、地、物」都達到共識，這遠比只訂個開會時間來得複雜。所以，當談判事務牽扯的因素愈多、本質愈複雜時，雙方需要耗費的時間精力也隨之提高。

三、重要性

假設談判議題只對甲方影響重大，對乙方的重要性相對低，可以預見對議題結果不太關心的乙方，大可選擇讓利以滿足甲方。

然而，問題往往會出現在「當談判議題對雙方都差不多重要」時。這時候如雙方有信任基礎，且此談判局是屬於雙方有機會一起把「餅」做大的合作型利益，在有足夠談判時間的前提下，雙方可以選擇合作策略，以滿足雙方的需求。

假設雙方無信任基礎，想要採合作策略就有難度了；又假設該談判局的利益型態屬於「零和利益」時，往往兩方會落入爭個你死我活的局面。此時，雙方可能都會選擇採用競爭性較強的談判策略。

當談判議題對雙方都屬於低度重要，且花時間談判的實益不大時，雙方大可以選擇離開談判桌，什麼都不用談。

「重要性」在商業談判中，最常被放在談判前優先審查。以合約談判為例，當一條契約條款對雙方都至關重要的時候，通常大家會花許多時間，試圖找到一個兩全其美的方案，但如果無法兼顧雙方利益時，兩邊人馬就會開始選擇哪些議題可放、哪些議題必須死守、哪些議題可以作為談判條件，以換取對方讓步。（詳見第29章）

四、時間

在談判時，設下「關鍵時間點」至為重要。

有些談判的時效性很強，有些談判則時間充裕。人在談判時間緊迫的時候，特別容易犯錯，或是不小心答應了原本不該答應的交易條件。

有時候我們會遇到對手故意製造時間壓力的局面。比如，明明一個月前就對供應商下訂重要的大單，供應商卻故意在約定交貨日前三日才告知你貨源不足，若要足量供貨，則必須加價。許多沒有經驗的買方，因為沒有做好事前準備（如保留供應商承諾供貨的相關文件），很容易在這種時間壓力下屈服於對方的小手段。

在有限的時間條件下，用哪些談判方式會比較有效率呢？一是採取較強勢的「競爭」態度，直接捉對廝殺，一翻兩瞪眼；二是採取配合度較高的「退讓」姿態，阿莎力地給對方想要的，但前提是這場談判利益對你而言並沒有那麼重要，你反而比較在乎與對方建立或維持關係；三是採取彼此各退一步的「妥協」型談判。這三種談判方式都有機會節省時間，盡快談出一個成果。

如果談判議題對雙方都不是很重要，而時間有限，雙方甚至可以選擇直接「跳過」這個議題，這次乾脆先不談了！等到雙方下次有其他重要的事情要商量時，再把這個議題「打包」進來一起談，也是一個有效率的方法。

五、信任基礎

某些談判風格必須有足夠的信任基礎為前提；而某些談判風格則恰恰是在沒有信任基礎時，執行起來更為容易。

想要和對方共創雙贏，就得先了解對方在想什麼、要什麼；我方能或願意給出些什麼，並且讓對方願意相信我給出的承諾不是紙上談兵。藉由這般雙方共享資訊、溝通彼此需求的過程，在談判桌上產生信任基礎，才有機會進一步談「合作」。

當雙方信任基礎薄弱時，容易落入相互競爭、角逐談判利益的模式。因為不了解對方，大家的起手式多會選擇讓自己利益最大化的方案，以保護自己為優先考量。

有些有經驗的談判者在談判特別重要的事務時，若對於對手「零信任」，或對於對手提出的某些主張有所懷疑（特別是認為對手在誠信或道德上有風險時），甚至寧願離開談判桌，選擇「迴避」不談。

偶爾會遇到防衛心很重的談判對手，不願透露任何有利於談判進展的資訊。面對這種情況，我們的心聲多半是：「你什麼都不講，那我們還要繼續談嗎？」但我們若直接講出來，無疑是讓談判陷入僵局。

此時我們要判斷，對方是故意想要讓談判「破局」（No Deal）？還是只是因為對方是個談判生手，過度防衛，導致此局無法進展下去？

如果對方只是因為對我方還不夠信任，而不願意進行下一步，那麼主動建立信任基礎就是談判前期我方要優先完成的事項。如果對方是要故意破局，那就要趕緊釐清對方到底為何無心談判、中間有何阻礙、我方是否可以化解、去做這些動作是否符合成本效益了。

六、情緒

有些談判對手可能天生個性驕傲自負，或後天資源豐富，他們傾向單向表述自己的需求，不願聆聽對方或做任何讓步。面對這類自視甚高的對手，當他們擺出「我說了算，你奈我何」的姿態，此時，我們必須考量自己是否「非要對方不可」？

對方憑什麼說話這麼大聲，條件開得這麼霸道？市場上的其他人是否也願意買單？答案若是肯定，那理由是什麼，是否也構成我方必須讓步的理由？我們可否承擔談判不成功的風險？除了屈就對方開出的條件，我方有無其他可替換的方案？如果有，那我不和你談了，我去找別人談總可以了吧？

但如果對方是我方的唯一選擇，沒有其他替代方案，且我們又是屬於需要資源而「輸不得」的一方，對於握有資源的談判高位者，也只好委屈往肚裡吞，此時的姿態就得委屈退讓著一點。即便資源高位者毫無談判技巧、沒有任何溝通誠意，資源低位者還是落入了只能照單全收的窘境。如果換到感情局裡，「愛到卡慘死」大概就是一路退讓到底的無奈詮釋。

還有一些特殊的時刻，我們會遇到更糟糕的談判情境：一位情緒不穩定或是心態不成熟的談判對手正在向我們發動情緒攻擊，諸如指責、漫罵、咆哮、冷漠等，該怎麼辦呢？

遇到EQ低，或是帶著惡意來的談判對手，我們往往無法選擇高品質的談判模式。情緒滿溢的談判可能是對手在宣洩其不滿，甚至可能是談判老手「故意」營造出來的談判情境，目的在於製造有利於他們的「情緒談判」（詳見第12章）。此時我們更不應該做出退讓。若只是因為害怕對方生氣就讓出自己底線，此舉不但得不到對方敬重，反而變向鼓勵對方往後在態度上益發惡劣。

既然談判對手沒有要和我們好好溝通的意思，我們也不需要熱臉貼人冷屁股，「適度迴避」是當下最好的回應策略。此時切忌正面回擊，否則容易激化矛盾，演變成雙方情緒化的互相攻擊，如此一來對達成談判成果不但沒有助益，反有危害。先拉開距離，讓對方情緒冷卻，再觀察日後是否還有繼續對話的空間，才是解決之道。

如果對方仍然一味相逼怎麼辦？不妨試著刻意讓談判破局。這是有好處的：第一，讓對方知道，他的惡劣態度反而得不到他想要的；第二，讓對方看到我方也有底線，而且堅守底線，不會輕易向惡意言行屈服。

七、文化

文化是群眾意識長時間累積的集體表現，會形塑一個人的溝通方式和談判行為，這種影響雖無形卻重大。談判本身就是一種意見交流、相互溝通的過程。如果人們處在一個鼓勵個體表達意見的環境或正向系統中，無疑會比較樂於溝通、分享與交流；反之，人們可能會恐懼表達、害怕做決定。

以不同國家來說，和日本人談判，他們多半重視禮貌，著重關係的建立與維持，通常不太會當面拒絕對手；相較於日本人，美國人則比較單刀直入，不愛繁文縟節，重視效率，偏好和談判對手開門見山地談，不太喜歡對手只是打探消息而不表態。我們如果花太多時間迂迴地和美國人「搏感情」、「建立關係」，他們心裡反而會犯嘀咕，甚至可能被對方誤解成我們別有所圖。

當然不是每個人性格都全然符合該國的代表性文化，我也曾經遇過非常直來直往的日本客戶，在談判過程中挑明地對我說：「不要把我當日本人，我不喜歡那一套，你可以直接一點。」每一個人的個性，會隨著各自不同的成長環境、人生經驗歷程而有所不同。在面對不同文化的談判對手時，心中可以有定見，但記得要一邊觀察，一邊保持彈性去調整。

若把文化放到企業層次，就是「公司文化」、「獎酬制度」、「工作氛圍」。主管下屬間的溝通、業務代表公司去和客戶談生意等，無形中都會被這些因素影響著。一個會鼓勵員工去表達出自己想法的企業，和另一間認為表達意見就是「愛找麻煩」的公司，兩者所養成的員工，在工作時展現出來的樣貌肯定截然不同。

在談判時，要先研究對手的「系統」，因為縱使一個人再能言善道，他也很難去打敗對方的「系統」。

假設一家大公司的主管在談判過程中對你說道：「我們公司以前都這樣做，我不能為你開先例。」也許他是在一間企業文化僵化、不鼓勵求新求變的公司。一旦他為你開了這個先例，他可能得向上級主管寫幾份報告外加悔過書，還可能對他的績效評估產生負面影響，害及日後升遷。

這個時候，如果你一意孤行、強人所難，不啻會抵觸他的「企業文化」，甚至還可能損及他的個人利益！此時，怎能期待對方會成全你呢？

所以，談判前要先搞清楚對方背後「系統」長什麼模樣，包含他處在什麼環境、受什麼文化所影響、被什麼制度制約、有無獎懲因子去影響他的決策過程等。投其所好，或是找到對對方有利的因子，順勢而為，談判成功的機率才會大大提升。

八、連續賽局

假設我們要賣房子，賣給素昧平生的陌生人，和賣給一路見證你戀愛結婚、生兒育女的患難之交，兩者談判的方式會一樣嗎？一定很不一樣。

大家耳熟能詳的一句話：「做人留一線，日後好相見。」因為日後還有「相見」的可能，所以在談判過程中不能太「殺」。除了要給人留餘地，還要給自己留個名聲好讓人打聽。在談判局中，這就是「連續賽局」的概念。雙方可能會為了維持關係和諧或放眼日後合作，在談判時寧願抱著「有進有退」的心態，而不是一味占盡對方便宜，反而葬送日後更多的機會。

在未來還要繼續維持關係的前提下，通常彼此較願意「妥協」或「合作」，唯有在雙方有來有往、互利互益時，才有繼續發展長遠關係的動機。若是採取「競爭」模式，容易破壞關係；一味「退讓」也非長久之計，因為沒人喜歡一直被占便宜。

但如果是「一次性交易」呢？那就是很不一樣的光景了。以房屋買賣為例，買賣利益通常屬於「零和利益」，我多省一塊錢，你就少賺一塊錢。此時，兩位理性的決策者會如何開展談判呢？雙方可能為求自己利益最大化，即使相互廝殺也不足為惜，縱使彼此在你爭我奪的過程中產生芥蒂也不在意，反正達成這宗交易後，日後再也不會相見，何必幫你留餘地？這就是最簡單粗暴的「競爭模式」。

第4章

談判前，該準備些什麼？
——目標、籌碼、底線

成功是留給有準備的人，談判更是如此。在談判前，我們要先做足哪些功課，才能日後在談判時，見招拆招，有所餘裕來隨機應變呢？

有人覺得要先搞清楚對手的脾氣，知道這個人是好相處還是難對付；有人認為要先好好研究談判主題，蒐集市場資料、數據等相關資訊。比如想要買賣房屋，就應該先去研究該物件，以及附近物件的實價登錄資訊。

其實，談判前最重要的準備，可以歸納到三大項目：目標、籌碼和底線。如果這三道基本功沒做好，反而捨本逐末地先去研究其他事項，就好比在沒有打地基的空地上，開始蓋起房子了。

一、目標

在談判前，要先釐清「你想在這次談判中獲得什麼」。

如果沒有事前清晰地確認真正核心談判目標為何，在談判桌上很容易被談判對手用假議題牽著鼻子走，偏離核心主題。目標就像是旅程的目的地，如果沒有事先確認目的地在哪，就趕著出發，縱使走得又快又急，最終也可能走不到你預想的地方。

在確立目標時，愈明確愈好。如果目標是可被具體量化的，就應該盡量以數字表達清楚，切忌模糊不清。好比時間上的限制是數天或數月、有無特定日期等。

例如一名員工想要爭取加薪，希望在「今年度的年終獎金結算前」向老闆爭取加薪至少「二〇％」；小孩希望向父母爭取「每個禮拜」的打電動時間，可以從「一小時」增加到「兩小時」；供應商希望至少在某原物料「漲價的前一個月」，向買家們成功提高其供貨價格「一〇％」；女朋友希望男朋友在穩定交往「半年」之後，至少「每個禮拜」要有「兩天」的約會時間等。

經過充分的事前準備，你應該就有能力去推算，什麼樣的談判結果會是你在最佳談判狀態下可獲得的「理想目標」（Ideal），或在一般狀態下可得到的「預期目標」（Expectation），以及在最壞狀況下，必須死守哪些「必須目標」（Must Have）。

理想目標是談判者可獲得的最佳談判成果，但能達到這樣的談判結果通常是因為談判者擁有強勢資源，或具有高權勢關係，又或是對方是個談判菜鳥，搞不清楚市場行情、趨勢，太稚嫩無談判經驗，才有機會發生。

預期目標則是一般談判者能接受也比較容易達到的狀況，談判者此時沒能占到太多對手的便宜，但也拿到了具有平均水準的談判結果。

而必須目標是我們談判的底線。當談判進行得不如預期，就要清楚了解自己在這次談判中，有什麼目標是一定要守住的。一旦對手想跨越底線攻擊我們的核心，這時候就應該離開談判桌。此時寧願談判破局，也不可硬著頭皮妥協。談判老手都知道，有時候即使沒能達成協議，都勝過達成一紙爛協議。

二、籌碼

「籌碼」是談判中對方想要得到的，或是讓對方忌憚的關鍵因素或項目，是讓對方願意和我們坐下來進行談判的條件。有了吸引對方或令對方畏懼的籌碼，就等同你有了談資，對方才會願意花時間坐上談判桌和你談。

在確立談判目標後，接下來就要審視我們手中握有多少談判籌碼了。知道手中有多少籌碼，方能知道日後該如何運用籌碼，以達到我們預想的談判目標。

當一名員工想向老闆爭取加薪，他所擁有的籌碼是什麼？也許是他在公司服務多年，和客戶們已建立起的深厚情誼；他可能是個超級業務員，公司若沒有他，業績馬上掉三成……

若想在談判中得到好結果，就必須讓談判對手充分認識到「我有什麼是你需要我的，甚至是非我不可的」，那就是你的籌碼。

籌碼可以是有形，也可以是無形。有時無形的籌碼更具威力。好比高價的蘋果手機，除了產品本身具有「創新」、「品質」等競爭力，「售後服務」、「技術支援」也是不可或缺的競爭籌碼。而想爭取加薪的員工，他和客戶的「長期關係」、「業務資源」、「業界人脈」等，正也是無形的籌碼。

在談判桌上，談判籌碼應「逐步」釋放，因不同的談判情勢而決定該釋放多少，以及釋放的快慢節奏。切莫衝動地一次秀出全部籌碼，這無疑是讓對方直接看清你的底牌。有經驗的談判老手很容易藉此計算出你的談判底線在哪裡，甚至知道接下來該怎麼對付你，這對你接下來的談判進行實在有害無益。

此外，籌碼未必僅是自己目前已經擁有的，也可以藉由「結盟」的方式來產生新的談判籌碼，這種情況最常見於商業領域中。例如：知名大廠想強行壓低供應商價格，受壓迫的供應商可以選擇去聯繫市場上其他同業，達成合縱共識，避免之後落入集體削價競爭的陷阱。雖然同業間平時為競爭關係，但在這種時刻，大家若是一味殺價相殘，最終使市場變成紅海，所有人將無利可圖，反而便宜了大廠。這就是邀請與我方有「共同利益」的第三方，一起行動而產生新的談判籌碼的典型例子。

三、底線

在談判前，要先想清楚：我方可以退讓多少？什麼界限不能破？決定下限時，我們也必須知道：一旦談判破裂，是否還有其他退路，或有比原對手更好的選擇？說穿了，就是如果這個談判失敗了，還有其他替代方案（No Deal Option）嗎？這就是協議的「最佳替代方案」（Best Alternative to a Negotiated Agreement，簡稱「BATNA」）。

最佳替代方案是由羅傑．費雪（Roger Fisher）和威廉．尤瑞（William Ury）提出的概念，指的是談判失敗時，談判者能應對的策略。簡單來說，在進行談判時，如果對手開出的最終條件比我們手上握有的BATNA還來得差，理性的談判者即會選擇退場。BATNA無疑是可以客觀衡量我們底線的標準之一。

當一方擁有愈好的BATNA時，談判的本錢就愈多，在談判桌上也可以選擇較不容妥協的姿態。以員工向老闆爭取加薪為例，假設員工已經拿到競爭對手的錄取通知，對方開出的薪水比當前工資多了二〇%。員工此時可以透露這個資訊給老闆，因為員工手中有的替代方案，已經比原東家開出的條件還要好，假使老闆再不改善談判條件，例如仍然堅持不加薪，或是加薪幅度遠低於二〇%，結果都可能會導致談判破局。這時，老闆也只能看著員工投奔敵營了。

相反的，如果這名員工的替代方案條件不怎麼樣，甚至沒有替代方案。此時，員工切忌露出底牌。因為一旦老闆知道員工的替代方案有限，認知到該員工某種程度必須依賴他時，老闆或許不但不答應加薪，還可能趁勢提出更嚴苛的交易條件，比如讓員工去負責原本不屬於他工作範疇的事務。

最重要的是，想要達到好的談判結果，不僅要清楚了解自己的ＢＡＴＮＡ，也要掌握對手的ＢＡＴＮＡ。在員工爭取加薪的例子中，如果老闆的替代方案比員工的要求來得更好，比如老闆可能一路都在物色新員工，而這個工作也是許多人覬覦的，那老闆可能一點也不怕員工辭職。在談判桌上，手上握有ＢＡＴＮＡ的老闆與員工達成加薪協議的機會就減少了！

總結來說，這三道談判前的準備工作，不止適用於自己，也適用於「談判對手」。在上談判桌前，一個談判老手會去預測對方最終的談判目標為何、對方的底線在哪、對手可以放棄而我方有機會爭取到的是什麼、對手一定會死守到底的是什麼，還要去評估對方手上擁有的籌碼是什麼、我方又有什麼手段可以應對。最後，再去發掘對方的潛在替代方案，以及對方的ＢＡＴＮＡ可能是長什麼樣子。

第5章

你和誰談判？
——談判理論模型與五大談判風格

談判是一項如此重要的技能，也因此，全球的談判理論不斷發展演進，百家爭鳴。其中較知名的包括「湯瑪斯—基爾曼衝突解決模型」（Thomas-Kilmann Conflict Mode Instrument，又常簡稱「TKI模型」），和理查．謝爾（G. Richard Shell）的「Shell模型」。實際上，這兩大談判模型某種程度上皆是從羅伯特．布萊克（Robert R. Blake）和珍．莫頓（Jane S. Mouton）兩位教授於一九六四年提出的「管理方格模型」（Managerial Grid Model）而來的延伸應用。

這三個模型，無論是在管理學，或是在談判學領域中，均遵循了類似的邏輯。學者們把各自認為最重要的兩大影響要素，分別作為二維座標系統中的橫軸與縱軸。依兩大因素不同的影響比重，可以劃分出四大象限和中間的折衷區塊，形成五種管理領導或談判的風格——競爭、退讓、迴避、妥協、合作。

三大常見模型

在布萊克和莫頓的管理方格模型中，橫軸為「管理層關心生產的程度」（Concern for Production），縱軸為「管理層關心員工的程度」（Concern for People）。一個只關心工作有沒有完成，卻不在意員工心情的老闆，會被歸類在「威權型」；把重心放在關心員工心情，對工作完成度卻不甚在意的老闆會被視為「懷柔型」；若管理者既關心工作產出，又體恤員工心情，會被視為「團隊型」；恰恰相反、對生產工作和員工心情都漠不關心的管理者，屬於「無為型」；最後一種管理者不偏重生產工作，也不偏重員工，取其平衡者，即為「中庸型」。

湯瑪斯與基爾曼的ＴＫＩ模型，則是以「合作」（Cooperativeness）為橫軸，「主張」（Assertiveness）為縱軸，來開展出五大類型的談判風格。在談判過程中愈是堅持主張，不願與對手合作者，屬於「爭奪型」；愈容易遷就於對手的要求，不願與對方爭奪者，屬於「服從型」；既不提出自己主張，也不願意和對方合作的，屬於「逃避型」；凡事講求公平，希望雙方各退一步取得共識的，屬於「折衷型」；而常常跳脫框架思考，希望不僅對方的需求被滿足，也能達成自己目標的，屬於「共好型」。

謝爾的模型在前述基礎上，除了和ＴＫＩ衝突模型一樣區分出類似的五大談判風格之外，還進一步搭配了「情境矩陣」來完善其談判策略。謝爾以「利害關係的衝突強度」為橫軸，「雙方未來關係的重要性」為縱軸，將情境分成四大象限。當雙方的利害衝突強烈，但未來仍需長期合作，好比生意合夥的關係，即屬「平衡考量型」；若利害衝突低，但關係維持至關重要，如婚姻伴侶，即為「關係型」；當雙方利益衝突強烈，且不需要考慮未來關係，好比一次性商業交易活動的買賣雙方，可視為「純交易型」；而當衝突低、未來關係影響亦小，如飛機上比鄰而坐的陌生人，即屬「沉默協調型」。再分別依不同的情境矩陣開展出不同的談判策略。

談判的本質

如果深入對前述三大模型中的兩種變動元素再進一步分析，我們不難發現，橫軸與縱軸所代表的，其本質就是「硬」與「軟」——「重視工作事物是否完成」是硬，「重視他人感受」是軟；「不懼利害衝突」是硬，「著重關係維持」是軟；「堅持己見」是硬，「願意合作」是軟。

談判的本質，我認為無非就是談判雙方「硬」和「軟」兩者間的微妙平衡，說穿了，就是「Give and Take」、互相需索或給予的一個過程。

若以此概念來總結三大模型的核心本質，其實就是「軟的給予」（Give），和「硬的取得」（Take）。畫成圖表，就能清楚看出各類談判風格。（請見下頁圖）

接著，我們就分別來看看「競爭型」、「退讓型」、「迴避型」、「妥協型」、「合作型」等不同風格的談判者姿態吧！

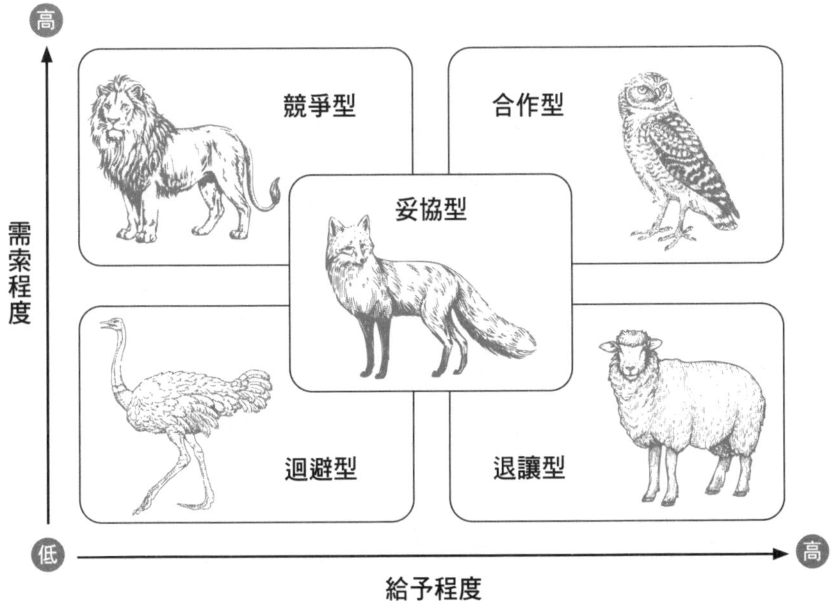
高
競爭型
合作型
妥協型
需索程度
迴避型
退讓型
低
高
給予程度

競爭型

代表動物：獅子

代表性關鍵字

｜正面｜

自信、堅忍、不放棄、效率、高自尊、積極

｜負面｜

自大、固執、霸道、急功近利、具攻擊性、衝動

採用競爭型談判模型的人，可分成兩種。一是天生有著如同獅子一般的性格，認為不管我有理還是無理，全天下都得聽我的；另一種是握有優渥的談判籌碼，好比市場地位、權力、交易資源等，所以可以做個霸道的王。

這樣的人一心想要獲得勝利，堅持自己的目標，即便必須犧牲他人利益，也不以為意，不會有任何罪惡感。

這類人也往往比較專注於自己的需求，不太理會他人的需要。他們的尊嚴凌駕於所有事物之上，對周遭的人容易出現溝通障礙而不自覺。

選擇這種談判風格的人，有時候單純是因為他的談判技巧未臻成熟，屬於衝動型的談判者。這樣的人在談判局裡，往往會以為誰講話大聲誰就贏、誰比較凶就比較有優勢。

然而衝動行事的後果，往往會做出「損人不利己」的行為。因為這種人欠缺理性思考，有時寧願「雙輸」（Lose-Lose），也不願做任何退讓給對方。

這種談判姿態如果沒有強大的資源背景作為後盾，非常容易遇到談判僵局。對於沒有談資的獅子，理性的人們只會當他是虛張聲勢又難以溝通的對手，既然溝通不了還滿肚子委屈，不如對假獅子敬而遠之。

成熟的談判者不太會因為性格去左右自己的談判風格，除非他是「故意的」——在那個情勢下，他擺出獅子的態勢最有利。

前述獅子態樣純屬個性使然，但有另一種真正「厲害」的獅子，通常發生在談判者處於資源優位，或是握有決定性的權勢時，他展現的態度自然是「我根本懶得和你談」、「你還沒有資格來和我談判」、「我的條件就是唯一且最終條件」。

這些具有資源、地位、權力優勢的獅子們，往往沒有要與處於資源低位者或權力弱勢方認真談判的意思。他們很可能會說出這一句經典的獅子名言：「想要和我談事情？你得接受我全部的條件，其餘免談！」

退讓型

代表動物：綿羊

代表性關鍵字

｜正面｜

和諧、維持關係、不自私、高效率、同理心強、高敏感

｜負面｜

犧牲、不自信、遷就、放棄、損害、低自尊、討好

在談判中選擇當一隻溫馴的綿羊，看起來似乎沒有談判的必要。然而在一些談判的場合，有策略的談判者起初會刻意「裝弱」，選擇扮演成毫無威脅性的綿羊——他是為了得到更多的機會。但等他得到下一次的談判機會時，很可能就不再會扮演一隻綿羊了！

這種情況通常會發生在商場上。比如一家小供應商為了得到大公司的青睞，剛開始對於大公司的交易條件全盤接收，即便再不利也還是點頭同意。等到大公司對其產生一定程度的依賴之後，原本唯唯諾諾的小綿羊，就可能不再溫馴。這種「策略性的退讓」，並不是真正的退讓，而是一方為了達到目的所選擇的手段。

有些人天生害怕衝突，在他們的世界裡，「以和為貴」是唯一指導方針，所以只要能避免矛盾，他們願意處處遷就。

這種「燃燒自己，照亮別人」的人類，具有「蠟燭型人格」。若是在談判的場合，當談判雙方意見相左時，他們往往會很快地放棄自己原本的立場。

更有甚者，他們關注別人的需求高於自己需求，習慣退讓與忍耐，具有「討好型人格」。

在談判場合中，若是遇到這樣的對手，幾乎可以不戰而勝。只要面露不悅之色、皺個眉頭，可能連「我不同意」這四個字都還未說出口，這種類型的綿羊就已經忙不迭地把牛肉端到你眼前了。

遇到綿羊，談判似乎可以輕鬆得勝。但要小心，有時候你遇到的可能不是隻「真綿羊」，他們只是暫時策略性地退讓，為的是後面更大的利益。

此時，有經驗的談判者會立即繃緊神經，心中警鈴大作。你得想到三步遠，對手真正的目標究竟是什麼？天上沒有平白掉下來的餡餅，談判桌上也鮮少有不戰而得的勝利。

迴避型

代表動物：鴕鳥

代表性關鍵字

|正面|

節省成本、避免衝突、問題迎刃而解

|負面|

消極、恐懼、不信任、問題繼續存在

談判最怕遇到選擇消極逃避的鴕鳥，因為根本沒有對手可以和你談。

一個人之所以會在面對問題的時候，選擇當一隻鴕鳥，有兩種可能：一是問題太難了，他解決不了；二是他根本不想解決這個問題，認為不值得花時間心力在此之上，有時候甚至是認為問題繼續懸而未決，對他反而有利。

你可曾有過朋友借錢不還的經驗？傳訊息給朋友，他已讀不回；打電話給他，他裝死不接。此時你可能會替他設想：一定是這筆錢，他實在還不起，目前沒錢可還，所以自然要躲你；但也可能是他就算身上有錢，也不想還給你，就是要躲你。

不管對方不出現的原因屬於哪一種，想要把一隻死命把頭埋在沙子中的鴕鳥拔出來面對問題，你絕對需要一定程度的談判策略和技巧。

有些人屬於性格上的鴕鳥，本身具有「逃避型人格」。遇到衝突或棘手難題時，他們會選擇「先逃跑再說」，因為他們害怕面對問題，通常也沒有解決問題的能力，多半習慣轉移責任，期待別人去幫忙收拾爛攤子；或是乾脆讓事情擱置，幻想問題隨著時間流逝而自然消失。

你身邊是否也有這種「不面對」、「不處理」、「以拖待變」、「以時間換取空間」的親人、同事或朋友，讓你頭疼不已？

這類人對自己解決問題的能力較沒有信心、害怕麻煩，或恐懼與人發生衝突。但是如果用對方法，還是可以讓他們「出來面對」。

至於故意不理你的鴕鳥，可能是認為目前和你沒有談判的實益，或認為與你談判將要花費太多成本，和他未來可能得到的談判利益不成比例。既然如此，與其花時間交涉，不如直接「逃走」，讓你找不到人。

面對這類鴕鳥，有經驗的談判者通常會認知到「也許現在不是談這件事的最好時機」。既然是這樣，就別再苦苦相逼。否則一味打擾對方，屆時傷了感情、壞了關係，恐怕日後真的連談的機會都沒有了。

妥協型

代表動物：狐狸

代表性關鍵字

｜正面｜

禮尚往來、達成談判成果、有進有退、平衡

｜負面｜

犧牲部分利益、委曲求全、雙輸

大部分常見的談判會落在「妥協型」。你一定常聽到這句話：「不如我們雙方各退一步，然後……」這就是妥協型談判典型的開場白。

妥協型的對話句型無所不在，可能是和房東爭取房租調漲的幅度可否不要那麼高、和老闆爭取出差的頻率不要那麼頻繁、和情人爭取刷卡瞎拼的額度是否可以節制一點、和父母爭取零用錢可不可以給多一點、和業主爭取給的佣金比例可不可以再往上調高一點……

試想，如果在這些場合，我們若採用「競爭型」的談判風格，往往會陷入談判僵局，搞不好適得其反；如果採用「退讓型」談判風格，那也就不用談了，你讓都讓了，還爭取什麼呢？如果採用「迴避型」談判風格，問題則根本不得解決。

所以，這就是為什麼「妥協型」的談判風格，常常被使用在我們日常生活大大小小的談判情境中——因為它不容易讓談判陷入僵局，可以化解問題。在心理層面上，縱使雙方都沒有取得最滿意談判成果，但因為看到對方也相對地讓步了，心裡不至於覺得不痛快。

我們甚至可以說：「妥協，為的是讓問題得以解決。」藉著相互的進退，好找到雙方都能接受的平衡點。

在妥協型的談判場景中，沒有經驗的談判者容易陷入「中點陷阱」。狐狸老闆故意開了一個天花板的高價，然後再幽幽地告訴你：「年輕人，我看你很有誠意，不如這樣吧！我們雙方各退一步，就取中點價。」你傻乎乎地同意了，還覺得老闆人真好。原本十元的東西，他開價一百元，而你用五十元買入，瞬間你變成了用五倍市價買入商品的冤大頭。

在妥協型的談判局裡，小心遇到詭計多端的老狐狸，故意開出不合理的條件，等著讓對手來砍殺。要知道，你和他在談判中間相遇的那一個點，很可能並不是「合理的中點」。

合作型

代表動物：貓頭鷹

代表性關鍵字

｜正面｜

共好、把餅做大、創造利益、溝通、長期關係

｜負面｜

缺乏效率、談判過程冗長、複雜度高

貓頭鷹給人的感覺，一般是「智慧」的象徵，足智多謀。

如果有幸在一場談判中，遇上一位貓頭鷹級別的談判對手，是值得慶幸的事。通常，我們可以在貓頭鷹談判者身上看到做人處世的圓滑、顧全大局的細心、堅持溝通的真誠。貓頭鷹不是不懂得算計，而是他在計算的時候，願意把你的利益一起算進去，更把未來合作而產生的潛在利益一併計入。如此一來，不僅雙方均能滿意地離開談判桌，還會讓對手未來願意和貓頭鷹共享資源，成為長期的合作夥伴。

如此理想的談判風格，如果可以適用於每個談判場景，那豈不是世界和平、太完美了嗎？你可能覺得奇怪，為什麼日常生活中，這個談判風格似乎不多見呢？

其根本原因在於，合作型的談判是有前提要件的。首先，談判利益不能屬於「零和利益」。換句話說，如果談判利益的這塊餅，已經固定就這麼大了，無法再增加，代表著未來你每多一份利，等同我多一份相對應的損失。在這種局勢下，談判雙方實在沒有合作餘地。

所以，想要採取合作型談判風格，事物的談判本質必須有合作空間，雙方有共同把談判利益這塊餅做大的機會。

再者，如果雙方沒有建立長期關係的實益，可能雙方也沒有意願投注過多的時間精力採用合作型談判。這也可以解釋為什麼旅客到異鄉買紀念品時，常被當地商家當肥羊宰殺。商家覺得這輩子就和這名旅客做這一筆交易而已，所以他們沒有動機去累積商家的好信用、好名聲，此時不宰僅有一面之緣的旅客，更待何時呢？

此外，如果談判利益過小，或是談判事務本質過於簡單，談判者也不會願意投注心力採用合作型談判。只是為了向小販買菜時討幾把蔥，難不成我還得和你朝夕相處，再畫個大餅說日後我們也許有機會一起開個全球連鎖的超級市場？

雖然貓頭鷹很有智慧，但在一般人的日常生活中，需要運用如此多的時間精力來談判的場合並不常見，通常是因為談判本身利益不大，或是事務本質並不複雜，殺雞焉用牛刀。最常使用這種談判風格的事件，往往是複雜的商業行為、商務談判、商業糾紛、勞資談判等。

第6章

你的對手是哪一型？

——判斷對方的談判風格

我們所說的「談判風格」，並不是一個人的「性格」。一個人的性格通常不會產生太大變化，風格卻可以隨時替換，就像根據不同場合穿上不同的衣服一樣。一個成熟的談判者，在不同的談判情境下，會懂得靈活運作「獅子、綿羊、鴕鳥、狐狸、貓頭鷹」這五種不同的談判風格。

這和我們的刻板印象大不相同，通常大家以為「會吵的小孩有糖吃」是談判鐵律，但真的是這樣嗎？

想想生活中，當你面對市場上具有獨占地位的大客戶時，是否得拿出溫順服從的態度？只因為「識時務者」才能拿到大單；但當你回到家看到小孩不聽話，很可能就變為嚴厲的萬獸之王，祭出「斷網」一招，沒有轉圜的餘地。

於不同的談判情境下，種種影響談判的因素，都考驗著我們該如何彈性因應。而在所有影響談判的因素中，最顯而易見且影響至為重大的，便是「談判對手」。

要如何判斷對方在這個談判局裡所採取的姿態？不妨從以下四個階段，來評估你的談判對手屬於哪一種談判風格。

談判目標

• 競爭型的獅子

對於自己設下的目標「絕不退讓」，會緊追著自己目標，無論遇到什麼阻礙，也會一直努力堅持。

• 退讓型的綿羊

像是「有求必應」的土地公，總想滿足對手的願望，即便是犧牲自己的利益也不足為惜，對手的談判目標似乎就等同於他們的目標。

• 迴避型的鴕鳥

對於談判目標不置可否，對於意見不同的對手也毫不在乎。因為談判對他們而言可能是個麻煩，根本沒有要認真談判的意思。

• 妥協型的狐狸

非常了解自己的目標是什麼，認為退讓是為了讓自己離談判目標能更近一步。他們在乎其讓步所能得到的相應對價為何，和綿羊們「無條件的退讓」是不一樣的。

・合作型的貓頭鷹

在設定目標的時候，不會只顧自己好，還會希望對手的期望或需求也能同時被滿足，因為他們深知唯有如此，合作才能長久。

溝通過程

・競爭型的獅子

會想盡辦法說服別人接受他的意見，只在乎「你到底有沒有聽懂我要的是什麼」。重心都放在「說服」對手買單他的立場，通常不太搭理對方的想法，也不太關心對方的需求有沒有被滿足。

・退讓型的綿羊

有點像「小媳婦」，秉持「你快樂，於是我快樂」的精神，盡量維持談判桌上的氣氛和諧。在溝通時，會選擇較不傷害他人感情的表達方式。

・迴避型的鴕鳥

根本沒有要溝通的意思，即便讓對手去主導解決問題也不在乎，只要不要麻煩到他們就好。還有另一群鴕鳥是屬於「還沒花時間思考問題」型，他們會把事情放緩，不急著處理。在他們眼裡，這種事情可能是微不足道的小事，所以懶得費心。

・妥協型的狐狸

在乎「有來有往」、「有捨有得」。要讓狐狸們讓步的前提是「對手有否把相對應的牛肉端上談判桌」，當他們在某些地方讓步，也會想方設法讓對手在其他條件上做出相對應的妥協。

・合作型的貓頭鷹

在談判桌上，會願意花時間去了解另一方的需求，也會積極地向對方溝通自已需要的是什麼。他們在尋找解決方法時，會主動要求其他人予以協助，也比較願意直接切入主題討論，和合作夥伴一起共同承擔問題，結合雙方的力量找出解決方案。

衝突處理

・競爭型的獅子

在談判過程中如遇到衝突，會堅守立場。即使場面已經劍拔弩張，他們通常也沒想要讓，反而會更努力說服對手採用他的觀點，繼續告訴對手他的立場將帶來哪些好處。

・退讓型的綿羊

會馬上變成「Yes Man」，只要對手不生氣，凡事好商量。在發生衝突時會試著安撫他人，以維持彼此的關係，也會極力設身處地為他人著想，即便此時可能需要以讓步為代價，他們也在所不惜。

・迴避型的鴕鳥

在面對問題時，他們會努力避免不必要的衝突；在衝突發生的時刻，他們通常已經不知道躲到哪裡。「找不到人」是他們的標準反應。

・妥協型的狐狸

遇到衝突時，會盡量站在合理平衡的立場，設法使雙方公平地各有得失。最常說的開場白是：「不如這樣，我們大家各退一步……」以此來化解衝突。

・合作型的貓頭鷹

遇到問題時，會想要找到一個「皆大歡喜」的解決方案，共同解決雙方歧見。如果你在談判桌上聽到：「讓我們找到一個解決方案，來盡可能地滿足我們每個人的需求！」那可能就是一位以創造雙贏為己任的貓頭鷹談判者了。

達到共識

・競爭型的獅子

在談判達到尾聲時，他們會審視自己的目標是否百分百達成，假若還沒完全達到，會盡力完成目標。往往會選擇強硬死守立場，繼續努力說服對手聽他們的話。

• 退讓型的綿羊

為求「顧全大局」，只要對手開心，他們大概都會接受對手的提案，所以沒什麼好爭執的。「你的想法，就是我的想法」，很容易達到共識。

• 迴避型的鴕鳥

因為一直不知道躲在哪裡，有時問題會隨著時間「自我解決」，但更多時候問題會繼續「懸而未決」，自然是沒有達到雙方共識的機會。

• 妥協型的狐狸

通常會與談判對手找到一個中間立場，雙方互有讓步與妥協，最後達成雙方都可以接受的共識。

• 合作型的貓頭鷹

他們希望達到一個「大家都滿意」的共識，讓雙方原本的期望和需求都盡可能地被滿足，通常是花費大量時間精力後才得到的雙贏談判成果。

了解對手後，接下來我們就來探討，在不同談判元素和不同利益的談判局中，我們該採取什麼相對應的談判技巧，才較容易得到你心目中理想的結果吧！

PART 2

與獅子談判

霸氣、張牙舞爪、咄咄逼人？
在談判桌上，獅子型談判對手的特徵通常顯而易見，
然而這頭獅子的態度是否襯得上他的地位、實力？
談判對手會對他必恭必敬、誠心臣服？
或是陽奉陰違、視而不見？

第7章

獅子有哪些類型？

對於獅子，你的第一印象是什麼？霸氣、張牙舞爪、咄咄逼人？還是態度高傲、睥睨群雄、眼神不屑？

在談判桌上，獅子型談判對手的特徵通常顯而易見，然而這頭獅子的態度是否襯得上他的地位、實力，或是背後的資源？談判對手會對他必恭必敬、誠心臣服？或是陽奉陰違、視而不見？

許多時候，我們在談判桌上遇到的是實力強大的真獅子。但偶爾，我們會遇到偽裝成獅子的大貓。常見的獅子型對手，大致可區分為以下三種類型：

一、性格型獅子

這類人單純性格難搞、自命不凡，時而落入情緒性談判、寧願損人不利己也絕不讓步的境地。性格上可能過度自戀或自負，導致無法看清全局。有時他們不是為了「談判」，是為了羞辱對手來樹立自己威嚴、增加自己快感。

若遇到這種談判者，而對方又沒有談判籌碼時，大可以拍拍屁股走人，無須和這種人浪費時間。畢竟與具有這類性格的人談判，往往徒勞無功，偶爾還會氣死自己，消耗情緒。

但如果性格型獅子其實是個有本事的傢伙，手握我們需要的談判籌碼時，這口惡氣恐怕我們也不得不吞了。

二、**背景型獅子**

這類型的談判對手後台很硬、資源豐富、有權勢、市場地位高、核心技術強。他必然擁有上述優勢中的一項或多項，所以能像獅子般雄糾糾氣昂昂地走入談判場。

看到這類人，心裡難免感慨：「人生真是不公平。」你的痛點，正是他的優勢所在，所以他有驕傲的本錢。他可以選擇在談判桌上很「派」，對你提出苛刻、不合理的條件，甚至頤指氣使，把你的自尊踩在腳底下。此時的你若有求於他，也得把一口氣嚥下去。

三、事件型獅子

談判對手的性格或背景未必是強悍的獅子，但因為此次談判對他至關重要、影響他的未來至為重大，所以他除了硬起來別無其他選擇。

比如當一間公司營運不善，面臨關鍵存亡之際，老闆向一直虧錢的部門主管下了最後通牒，要求一向對下屬溫暖和善的主管必須對部門裡的冗員祭出殺手鐧，他們若再不改善績效，就得捲鋪蓋走路。如果主管再下不了狠手，老闆將會把整個部門裁撤，到時候恐怕連主管也飯碗不保。若這位主管上有老下有小，實在丟不起這份工作，儘管平常作風溫和，此時也不得不換上一張凶猛的獅子面孔。

一個人可能因為某事件的發生，暫時性地「轉型」成一隻「事件型獅子」。這通常是因情勢所逼，使他不得不擔綱演出。在事件結束之後，這個人通常不是那麼難相處的。

第8章

「商業交易」——紙老虎的虛張聲勢

在商場上，有時我們會遇到雄壯威武的真獅子，但更多時候，我們會遇到虛張聲勢的「紙老虎」。人在江湖身不由己，沒有本事的紙老虎，為了能震懾住對手，只能選擇虛張聲勢。面對這樣的談判對手，要如何破其伎倆、見招拆招呢？

談判情境

阿輝是中小企業小老闆，公司近年來成長快速，讓阿輝不得不考慮引進ERP系統來整合公司資源。身為精打細算的生意人，阿輝請知名ERP廠商來進行產品簡報，以便更進一步分析成本效益。

當ERP廠商代表Alex到公司簡報時，阿輝刻意不停打斷Alex，還故意表現出十分嫌棄的樣子。阿輝誇口自己已經在外面找到比 Alex 報價便宜一半以上的ERP系統。Alex 從事這行業已十餘年，心裡有數其他同業類似系統的報價，若真如阿輝說的便宜一半，恐怕就是賠本生意了。此外，Alex 評估阿輝的公司規模並不大，心想同業可能連報價都懶了，阿輝很明顯在編故事。

看透了阿輝在扯謊演大戲，Alex 該怎麼進行下一步？

談判難題

談判中，有時對方會刻意採取「難纏」策略，故意找碴、提出根本不是事實的質疑，甚至憑空捏造有利於他的故事，想藉此得到我方談判上的讓步。正如阿輝想藉著嫌棄 Alex 公司的產品，來換取價格上的優惠。

Alex 該如何面對談判對手的胡攪蠻纏？難不成我們真的要硬著頭皮，一一處理這些「假議題」？該怎麼回應這些被故意製造出來的問題才好？

∞ 面對虛構陳述，請對方提出佐證

談判的過程中，難免會遇到談判對手虛張聲勢。此時不用急於否認對手的主張和言論，但要禮貌地請對方提出相關證據。當對方根本提不出事證時，自然就會摸摸鼻子自討沒趣，不會在假議題上繼續藉題發揮。

阿輝一直強調他有取得其他ERP系統業者的報價，且該價格還比 Alex 公司報價便宜一半。此時 Alex 不必急著反駁，只要客氣地請阿輝提供該業者的相關報價的事證，好讓他可以拿回去和主管討論降價可能性。實際上沒有取得其他同業報價的阿輝，此時也只能悻悻然地住口。

∞ 告知談判不成的損失及後果

既然是一隻假獅子，自然就不怕得罪。

Alex 知道阿輝的公司目前極需要ERP產品，且阿輝的公司規模太小，並不在同業目標客群裡，其他同業大概也懶得提供阿輝類似產品的報價。

換言之，從產品需求面來看，是阿輝需要仰賴 Alex，且阿輝沒機會在市場上找到其他替代者。面對阿輝的百般挑剔，Alex 大可以直接告訴阿輝：「若是錯過這個系統，也會錯過該系統為貴司帶來的潛在利益。」

完成說明之後，Alex 即可優雅離場。當阿輝在市場上找不到其他業者願意提供類似產品服務時，也只能灰頭土臉地回頭找 Alex。屆時，阿輝可得乖乖收斂當初頤指氣使的態度了。

談判外的反思

遇到獅子型的談判對手時，別動真感情去較勁。認真去和撒潑中的獅子鬥氣，只會把自己活活氣死，還得不到任何好處。

當你發現對方原來其實只是一隻「假獅子，真大貓」。此時，不但不用畏懼，還要懂得適度反擊。不妨大方地讓對方知道他繼續「演很大」的結果，可能會讓他錯過好機會，甚至招致災難。

有些人在談判中故意激起對手負面情緒，例如拖延時間、出爾反爾、已經答應交易條件又日後反悔、以言語羞辱激怒對手、故意言不及義、刻意將把焦點聚集在無謂的小細節、激化爭執等，這些惡性談判技巧不外乎是為了消耗對手在談判過程中的精神、體力和情緒。一旦我們發覺對方是存著這個心眼，那就更沒必要急於反擊，否則就落入對手圈套了。

第9章

「離婚條件」——小孩才做選擇，身為獅子的我，全都要！

當獅子大開口，我們要如何處理他的好胃口？一味退讓，恐怕只會讓他緊緊咬住不放。因此，關鍵不是滿足對方，而是設法讓對方「無法輕易吞下這一口」。其中一個可行的辦法，就是端出一盤他不愛吃的菜，讓獅子重新審視這一口的代價。

談判情境

千千和國政結婚多年，但婚姻並不幸福。向來霸道的國政，在婚姻中更是我行我素。終於在一次家暴事件後，千千決定不再隱忍，和國政攤牌。

國政一聽千千說要離婚，立刻勃然大怒，語帶威脅警告：「你如果敢離婚，我一定會拿走所有的財產、房子。保證讓你淨身出戶！」
「你如果和我離婚，我一定和你搶監護權，讓你以後都看不到小孩！」

面對不理性的國政，千千該如何將離婚進行到底呢？

談判難題

霸道的獅子，往往會使用卑劣的招式強迫對手配合他，如拖延時間、讓對方陷入困境、粗暴的言語、拒絕對手任何請求。

千千要如何請國政這頭不理性的獅子收斂一下爪子？面對蠻橫不講理的「準前夫」，千千難道真的沒輒嗎？

談判技巧

∞ 暫停

許多人在處理離婚事件的當下，難免情緒滿溢。口出惡言見怪不怪，有時甚至上演全武行。

面對對手不理性的攻擊時，切忌在當下反唇相譏。若不能控制自己情緒而隨之起舞，談判目標只會距離我們愈來愈遠。

這個時候，不妨先把彼此距離拉開，對方再怎麼鬧都沒關係，但不要讓他再有機會繼續影響自己。一旦獅子發現那些攻擊言行似乎起不了作用，被他攻擊的對象依然穩定平靜、不動如山。他們覺得無趣後，揮舞在半空中的爪子自然會悄悄放下。

假設對方發出汙辱性的言論攻擊，甚至想要動手動腳時，我們需要立即嚴肅地表態：「若要抱著這種充滿惡意的態度，我們就無法繼續往下談。彼此都冷靜一段時間後再來談吧！」接著立刻轉身，瀟灑離場。這樣的姿態，就是向對方表明：「你惡劣的言行，只會阻礙談判進展，反而得不到你所想要的。」

∞ 威脅的檢驗

在談判中，威脅是常用的技巧。但威脅策略要奏效，前提是威脅真實有效——若你不聽話照做，日後我所預告不好的後果，將有可能會發生。

面對對方的威脅，首先要檢視有無機制反制，讓對方預告的惡害日後無法發生；若惡害其實可被避免，對方的威脅就屬於無效威脅。

在處理離婚案件時，我們常遇到當事人一方口出威脅：「你膽敢和我離婚，我就讓你日後見不到小孩！」「我會讓你淨身出戶！」這些是「有效的威脅」嗎？

「見不到小孩」是無效威脅。法律上對父母的「親權」、「探視權」都有明確的規定。即便小孩日後跟著國政生活，國政也無權恣意剝奪千千的探視權，那是千千身為母親的權利，更是法律保障小孩能夠享受親情、正常發展的制度。

此外，當父母之一方有妨礙他方對未成年子女權利義務行使負擔的行為（亦指「親權」的行使）時，此時即違反了「友善父母」原則。假設國政在爭取親權時，做出了不適當的行為，例如惡性藏匿子女、帶子女出遊使之不回國，日後反而會成為法院酌定親權人時的負面考量因素。千千可以將國政作為「不友善父母」的相關證據提諸於法院。日後在審理親權案件時，因考量國政不符合親權人選定原則（符合「未成年子女的最佳利益」），法院反而有機會做出有利於千千的裁決。

「淨身出戶」是無效威脅。如果夫妻在結婚前並無特別約定適用什麼財產制，將會自動適用「法定財產制」，也就是夫妻共同財產制。在夫妻離婚的時候，婚後淨資產增加較少的那方，對他方有剩餘財產分配請求權。「淨身出戶」的威脅，從法律的角度看來也是不成立的。甚至對方日後若惡意脫產，都有機會透過法律途徑追回。

∞ 損失框架

聰明的談判者，更會進一步讓對手認知到——唯有「合作」一途，才不會節外生枝，徒增其他不必要的成本或麻煩。以離婚來說，離婚訴訟可能產生的時間上的浪費、金錢的花費，甚至損害到自己原有的利益。

「損失框架」就是一種向對手強調潛在損失的談判技巧，指出拒絕方案後可能帶來的負面影響，利用人們想「避免痛苦」的天性和欲望，使對方更願意接受提議，提高談判成功機率。

千千可告知國政，若無法好好地協議離婚，她未來只好訴諸法律，請求裁判離婚。到時候，國政要花更多時間、精力、金錢來打離婚官司，法院未必會將親權判給他。讓國政意識到，若現在自己不合作，未來可能更麻煩，也可能產生更不利的結果。再凶悍的獅子，認清情勢後，只要存有一絲理性，也不會再頑強抵抗。

談判外的反思

面對談判對手的無理要求，可以選擇冷眼忽略，也可溫柔回應，但必須堅守底線。

如果對方在談判時粗鄙無禮，實際上卻是隻禁不起考驗的獅子，這時候不妨開玩笑地回應：「如果談判大聲就會贏的話，那我還真得去買個大聲公了。」讓對方知道，「吵」、「大聲」、「凶巴巴」在你這裡是起不了作用的。

在談判中，誰比較需要誰，才最重要；在意誰比誰凶，都只是搞笑。

第10章

「情侶糾紛」——這點對我很重要，怎麼會對你也很重要？

你是否也聽過類似的故事？本該談婚論嫁的男女，為了一些久久不能產生共識的爭執點，雙方糾結多年而沒能步入婚姻。

特別是當雙方都覺得「我的訴求很重要」，不願意退讓妥協，這就像兩隻獅子強碰在一起，很容易落入「公說公有理，婆說婆有理」的困境。

這樣的談判僵局，有解嗎？

談判情境

小美和阿雄交往多年。阿雄的父母在自家對門幫阿雄買了一間房，希望以後阿雄有地方成家，且父母住得近，也好互相照應。但小美可不這麼想，寧願在遠一點的地方租屋，也不想婚後住在公婆的正對門。

兩人因此事沒有共識，導致婚事延宕多年。反正法律沒有規定「交往多年就必須結婚」，於是雙方能拖就拖，各自堅持「你不答應我，我就不嫁／娶你」，現在阿雄的父母在催婚了，小美心裡萬般猶豫，是否要因此放棄一段多年感情……

談判難題

「住哪裡」這事件本質上沒有對錯之分，然而不同的人處於不同的立場，就會產生「換個位子換個腦袋」的爭議。

今天如果是小美父母在自家對門買了間房，邀請阿雄搬過去住，可能就換阿雄不樂意了。這類意見相左的情況，不止婚前會遇到，婚後柴米油鹽醬醋茶，小倆口意見不同，更是家常便飯。

這件事的本質對雙方看起來都具有「重要性」——男方想要就近照顧父母；女方則是不想和公婆住得太近。兩邊各自堅持，容易陷入「我不能在這麼重要的事情上輕易讓步」的僵局。

假設深愛阿雄的小美，並不想因為婚後住所的問題和阿雄放棄多年感情，她該怎麼辦呢？

談判技巧

∞ 不爭論對錯，提升議題層次

試想，如果小美劈頭就說：「都什麼年代了，現在哪有人和公婆住很近的？」言下之意彷彿在暗示阿雄：如果他要小美住在公婆家對門，他就是一個思想陳舊之人。沒人喜歡被他人否定或批判，小美一旦採取「攻擊」模式，激起阿雄的防衛心，免不了又落入一直以來「你對我錯」的談判僵局。

小美若想要得到好的談判結果，必須著重凸顯自己論述的「合理性」，例如小美可以主張：「我們兩家住得稍微有點距離，有利於未來婆媳關係的和諧。」而非和阿雄討論觀點的「正確性」，例如認為搬到離公婆較遠的地方才是「對」的選擇。

小美甚至可以不惜先醜化自己，表示自己個性可能未臻成熟，未來如果和公婆住得太近，衝突恐怕只會多不會少。她不想阿雄陷入兩邊為難的局面，且認為婚後與婆家的關係和諧非常重要。如此一來，小美讓阿雄知道，她不是在爭論兩家是否住在對門的「對」與「錯」，而是著重在層次更高、更合理的「家庭和諧」。阿雄大概不會否定追求家庭和樂是錯，自然也會比較願意傾聽小美意見了。

∞ 誠懇溝通自己需求

小美除了表明自己的個性可能必須與婆家保持適度距離外，可以再強調這點對她的重要性。如果真的要住對面，她恐怕沒有辦法和阿雄走入婚姻，因為她不想要婚後日日面對著和婆家就近生活的壓力甚或矛盾。只要小美表達的方式真摯誠懇，理性的另一半當可理解。但如果另一半仍只顧自己需求，並且要求對方全面配合，婚前放生另一半其實並不是一件壞事。

溝通自己需求時，切忌流於情緒化，例如：「你如果一定要我住在你爸媽家對面，我們今天就馬上分手！」這樣反而容易激起對方負面情緒，導致談判破局。特別在面對獅子型的談判對手時，若讓對方反應過激，恐怕會落得兩敗俱傷的下場。

∞ 強調共同利益，重視對方需求

小美還可以強調搬到別的地方的好處，例如：「離雙方的工作地點都比較近，可以省掉大半通勤時間，讓兩人有餘裕享受新婚生活。」如此一來，阿雄不會認為「搬走就代表自己輸了」，反而能重新聚焦於「搬到別的地方可能有哪些優點」。

阿雄為什麼會想要住得離父母近一點？可能他想要就近照顧、方便孝順父母。有了這一層面的理解，小美也可以在談判過程中回應阿雄「想就近照顧父母」的需求，例如主動表示：「就算住得遠一點，我們仍會時常回去探望，不讓父母覺得孤單。」甚至可以和阿雄訂下具體的探視頻率，如每週一次、每月一次。如此一來，阿雄的需求在談判過程中被小美看到了，也被照顧到了，阿雄的疑慮便有可能化解，此時，小美談判成功的機率將大大提升。

談判外的反思

這個談判局屬於「零和談判」嗎？

「不是住在男方父母家對門，就是搬走」，表面上看起來是「一方的利益即是他方損失」的局面。假設女方答應搬到公婆家對門住，看似男方「贏」了，然而這可能只是短期的結果。假設婚後因住所問題而衝突不斷，以長期的結果來看，這其實對男方並不是一個好的決策。

有時候，當下的談判利益看似屬於「零和利益」——不是你死就是我亡。但若能把時間拉長，說服對方從「長期利益」的觀點來分析，就有機會一起追求「共同利益」（本章案例的長期共同利益是雙方的幸福婚姻）。讓對方認知到，堅持己見反而可能「短多長空」。從自利利人的角度出發，說不定就有機會軟化對手了！

第11章

「買賣議價」——你很有野心，但我也不是吃素的！

多數人應該都有討價還價的經驗——有些人去買東西，一定會和老闆殺價；有些老闆習慣在開價時，故意開個高價，好讓客人殺好殺滿。這是某些行業特性，似乎也無可厚非。

但若老闆坐地起價，開出遠超過市場水準的價格，聰明的消費者該如何是好？

當遇到想賺高額利潤的「大獅子」店主時，消費者有權拒絕當一隻任人宰殺的肥羊。有技巧地拒絕商家不合理的交易條件，才不會淪為「盤子買家」。

談判情境

小張喜歡蒐集古玉，對於溫潤的璞玉絲毫沒有抵抗力，花了許多時間金錢在各種玉石的研究上。然而玉市常充斥著贗品，稍有不慎就買到假貨；就算是真品，貪婪商人們坐地起價是常有的事。

今天小張到一個流動的古玩市集閒逛，看上了一口漂亮的翡翠香爐，那是他多年一直在尋找的款式。小張趕緊向老闆詢價，沒想到老闆獅子大開口，開了一個天價。小張望著手上這口玉質純淨的香爐，心想老闆似乎把他當外行的「盤子客」在開價。不想因為老闆的漫天開價而錯過這件美物，小張該如何和老闆還價呢？

談判難題

小張不願意接受老闆的漫天開價，但要用什麼方法能讓老闆願意降價到合理的價格範圍？

當談判桌上的另一方先提出了一個破天荒不利的條件，我們要如何客氣點破，才不會讓開高價的店家覺得顏面盡失而「見笑轉生氣」，變成交易不成？

有沒有一種談判技巧，可以讓對方對自己一開始開出的不合理高價覺得「不好意思」，甚至之後自己願意主動降價？

∞ 假意破局，可有可無

在聽到老闆報價後，小張不妨作勢要離開，讓這場交易彷彿要破局的樣子，向老闆擺出一付「這東西我可以不買」、「可有可無」的態度。

此時的小張，採取的即是「迴避型」的談判策略：面對不合理的談判條件、極不利於我方利益時，選擇直接離開。沒有留下來花時間精力談判的實益，拍拍屁股走人是最簡單粗暴的回應！此舉也等於明確地告訴對手：「你這樣的條件，我連和你談下去的意願都沒有。」

通常一個開了不合理高價的老闆，會追上來急著說：「您有興趣的話，我們價格好商量。」

∞ 以提問代替拒絕

在面對談判對手不合理的條件時，「斷然拒絕」可能會壞了後續雙方接著談的機會。此時就要懂得「迂迴」地拒絕，不讓對方丟失了顏面。

「這樣的香爐，是不是還有其他玉商在賣？」讓老闆自己說出潛在競爭者。假設前面走五步的店家也有賣類似的香爐，老闆卻謊稱：「這方圓百里，就只有我在賣這個玉香爐。」這時，小張可以有禮貌地反問：「是嗎？我看前面一、兩家店，也有賣類似的產品呀！」一來讓老闆知道消費者已經先做過功課了，二來讓老闆知道附近有同業的存在，他是無法如此哄抬價格的。

同業的存在，無疑是提供小張其他ＢＡＴＮＡ（詳見第4章）的可能。

∞ 小心中點陷阱

面對老闆不合理的開價，小張可以說：「哇，這還真不便宜呢！這超出我的預算太多。」

這時，原本出了高價的老闆，可能會反問小張：「那您的預算是多少呢？」假設老闆原先出價五萬，小張答他的預算只有一萬。於是老闆對小張說：「那不如你我各退一步，我們就取中間價三萬，合理吧？」

這真的合理嗎？看似公平的「中點」，表面上雙方讓步的「幅度」相同，但裡頭其實暗藏陷阱。

假設這只玉香爐的市場合理價位落在一萬兩千元到一萬五千元中間，但小張因聽信老闆一句「你我各退一步，最公平」的話，最後用三萬買回家，小張其實是用高於市價兩倍多的價格買回這口玉香爐。正因老闆一開始的定價就處於不合理的高位，所以即便談判雙方各退一步，取得平均值，其平均價格仍會處於相對高位。

此時應該怎麼辦？小張可以說：「這款玉香爐，我之前在其他店家看到類似的款式，也不過才一萬元出頭。我們是不是往市場價格靠攏一些？」老闆聽到這一席話後，或許會聲稱他的產品和別家產品如何不一樣——但這不是重點，重要的是，小張此時已經向老闆發出一個訊號：「我是知道這產品市場行情的人，別再把我當外行人唬弄。」

一個有經驗的談判者，面對對手故意高開的價格，首先要做的是把價位往「合理價格」區間拉回靠攏，而不是直接向原開價「還價」。等到老闆態度軟化，把價格調降到合理範圍後，小張才開始進入「討價還價」的過程。此時的「中點」，才是雙方各退一步後真正中點所在。

談判外的反思

對手在談判一開始就提出極不合理的要求，這樣的談判「起手式」很容易破壞雙方的信任關係。有時還會讓人覺得「你根本沒有想要和我好好談的誠意」，引起不快。然而，若直接不客氣地拒絕，可能會落得無法成交的結果。

如果我們的目標是要讓對方願意妥協，採取於較為合理的價格／條件。先讓對手意識到他的原始條件不會成交，進而認知「此舉可能失去客戶／買家」，是更不划算的事。談判的重點在於試圖把獅子大開口的競爭型對手，轉化成會合理計算自己利益的狐狸。

在本章案例中，倘若老闆在小張費盡脣舌之後仍然不動如山，堅持在價格上不肯退讓。小張可得仔細端詳這玉香爐，說不定真是舊朝古物了？！

第12章

「爭取加薪」——員工視角：談判的目的是什麼？

面對處於高位的上司、老闆、重要客戶，你是否往往會自動幫對方「加冕」，什麼事情都自動退讓，變得唯唯諾諾，任對方予取予求？

面對雙方地位的不對等的「獅子王」，難道我們只能一味認命屈從？

談判情境

小馬一直在工作崗位上兢兢業業，認真負責。直到有一天，他在和同業聚餐時，發現他的薪水居然比同業從業人員低了三成。小馬頓時心裡覺得委屈，認為自己一直很努力，不該這樣被對待。同桌楊桑聽聞小馬的狀況後，立即表示他們公司正在擴大營運，希望小馬有機會可以加入他們公司一起打拚。

小馬覺得心動，隔天上班時便耿直地向老闆提出加薪的要求。沒想到老闆的回應也很乾脆：「這裡沒有『加薪』這兩個字，你有什麼理由說自己比別人做得更好呢？不開心就滾蛋！」原來小馬老闆是典型的小生意人，能省則省是最高指導原則。小馬很錯愕老闆竟如此回應，心想自己好歹自大學畢業後，就一直待在這間公司，轉眼間也服務五年了，老闆怎麼如此不近人情？

談判難題

小馬的老闆姿態強勢，面對員工的加薪請求百般刁難。小馬要如何殺出一條血路讓老闆首肯？他心裡很清楚，就算真的受不了低薪而離開，也須考量自己是否真能在外面找到新的工作，勝任新職位。

理智上，小馬認為自己應獲得至少與同業平起平坐的薪資；情感上，小馬已經在這家公司服務多年，身邊有一群他割捨不下的好同事，他實在不想離開這間公司。這時，要如何說服老闆，達成自己的談判目標呢？

∞ 客觀標準

同業的薪資水平，對小馬而言是外界的「客觀標準」，他可以此作為談判薪資的基礎。雙方以客觀業界標準，來審視在市場上這個工作職位的薪資水平應該是多少。讓老闆認知到：「我要求這樣的薪資，並不是我漫天開價，而是基於市場供需法則驗證後的客觀值。」

員工只要能態度懇切地提出市場「客觀標準」，證明市場上其他差不多學經歷職位的人員平均薪資，再指出自己薪資距離這客觀標準的落差；再怎麼霸道的老闆，也不能說加薪是員工的妄想。

小馬提出了一個經得起市場檢驗的數據，使得小馬的談判訴求更有合理的支撐與正當性。

∞ 堅定目標，設下底線

你願意做個好員工，但那並不代表你可以被公司以低薪持續地剝削。

有些老闆可能會打出悲情牌：「公司營運並沒有你想像得好，大家一起共體時艱吧！」試圖轉移議題，把公司營運不佳當藉口來左右你的判斷。

此時再次確認「目標」很重要。小馬這次和老闆談判的目標是「薪資至少被調升到業界水平」。記住，小馬的目標不是和公司「共體時艱」。面對老闆打悲情牌要求小馬共體時艱時，小馬可以委婉回覆自己「上有老母，下有妻小，還有一條狗一隻貓。房貸車貸保險費樣樣都沒少」。確立你的目標是「加薪到業界水平」，之後談判中的所有回應都應該圍繞著這個目標，不要輕易地被對方利用其他的談判策略軟化，更不要被假議題帶著跑。

除了目標，還要知道自己的談判「底線」在哪裡。你心中有一把尺，如果到達不理想的調薪幅度，那麼你是否願意通融？通融的程度到哪裡？談不成是否走人？談判的目標、底線，都須事前仔細思考。一旦確立，就要堅持。

如果別人三言兩語就能輕易軟化你，讓你放棄原來的訴求，日後對手更不會認真將你的訴求當一回事，反而會覺得只要哄騙一番就可以搞定你。與其如此，還不如一開始就不要提出要求，白忙一場還失了對方對自己的尊重。

∞ 面對打壓性的情緒談判，更要了解自我價值

小馬的老闆語帶威脅地說：「不開心就滾蛋！」讓小馬感到十分錯愕。的確，面對「權勢者」的恐嚇言語，落於下風的談判者有時會不小心落入「討好陷阱」。平日服從的慣性養成了，在談判時還想一味順從權勢者心意，導致不敢爭取自己的權益。

權勢者，指的是手中握有資源，或是上從下屬關係中的上位者，例如主管、老闆、市場領先者、老師、家長等。有些權勢者習慣以打壓性言論勸退下位者，例如做出貶損的言論或行為，來動搖對方的心志，進而逼迫下位者放棄。心理素質不夠堅強的下位者，可能會被這樣的言行影響。

甚至，一個看不清楚自己的價值在哪裡的員工，被老闆一道睥睨的眼神，或三言兩語諷刺打壓，可能就輕易地掉入「冒牌者症候群」的思維裡——「是不是，我不值得領這麼多的薪水呢？」

其實，「自我否定」正是不想幫你加薪的老闆對你使用的心理暗示。自尊心低落的員工往往為了不被討厭、孤立，而變得沒有勇氣去拒絕上位者的威脅恐嚇。

∞ 告知對方談判失敗的風險與成本

小馬想要加薪，就要讓老闆知道「我和你是利益共同體，我走了你會很麻煩」。一個理性的主管在知道他開出的薪資低於業界平均行情時，就應該明白若再不改善，日後員工跳槽、被挖角都是可預見的事。假使此時小馬已經拿到別間公司的錄取通知，更可以適時表達自己目前手上已經有BATNA。讓老闆知道，即便加薪不成，小馬還有其他的路可走，這時候反而會為他贏得老闆的尊重。

對於老闆「不開心就滾蛋」的威脅，小馬更可以表明，倘若他真的離職，外面也早已有同業的工作在等著他，如此一來，老闆的威脅其實就不構成威脅了，反而是老闆自己會因此遭受不利影響。公司必須趕快找人替代小馬，還得花時間重新訓練員工。如此一來，老闆未必能省到多少金錢，還得額外花費更多的時間精力去填補這次談判不利的結果。

談判外的反思

有些老闆慣用情緒勒索的伎倆：「你從一畢業沒經驗就待在這裡，是公司把你培育到現在這個樣子，你卻反過頭來和公司要求加薪？」這是許多資方和勞方在談判薪水時常拿來使用的招數，因為沒有其他可以理性說服的方法。

今天公司對員工是否有培育之恩，和員工薪資水準是否可以混為一談？當然不行。除非公司在招聘員工時便挑明了講：「因為你在業界毫無相關經驗，所以日後相關培訓所產生的費用成本，會反映（扣除）在薪水上。」

即便如此，員工薪水因此受負面影響的時間和範圍，也不可能永無止境地受限制。雙方應該在勞資關係確立時，即寫清楚說明白。

最重要的，談判過程中難免會有情緒起伏，時刻提醒自己「初衷」為何？為什麼要開啟這一場談判？別輕易被對手影響而更換目標或放棄底線。

第13章

「情緒攻防」——不友善的談判攻勢，該如何處理？

有時候，你根本還沒做什麼，只是因為談判對手那天過得很糟，可能他才剛被老闆罵個臭頭，或和女朋友大吵一架，甚或是對你已經有「這個人很難搞」的刻板印象，於是他對你的開場白極度不友善。

面對充滿敵意的獅子，該如何化解這種非戰之罪？

還有些時候，對手已經進入「談判疲乏」的狀態，累積已久的壓力和不滿，讓他情緒逐漸失控，開始對你做出不理性的人身攻擊或不禮貌的言論。這時候，你是要選擇和對手硬槓？還是要先找個合適的理由離場？

談判情境

藍海是知名國際EMS大廠，在全球各地都有生產資源，特別擅長供應鏈管理與成本控制。藍海的採購長鄭先生，素以脾氣火爆、冷酷無情著稱。供應鏈廠商每每遇到鄭先生來講價，往往敢怒不敢言。

鄭先生一貫策略是打壓供應鏈價格，壓縮供應商的獲利空間，以成就藍海產品價格競爭優勢。紅山是藍海前三大供應鏈廠商，負責人Steven對藍海可說是又愛又恨。紅山若沒有藍海持續給予穩定的訂單，無法成長到今日的規模。但藍海對於供應商近乎苛刻的要求和價格的打壓，讓Steven一路「伴君如伴虎」，偏偏這個最大客戶，實在是得罪不起。

某日，鄭先生和Steven在會議室裡開會，只見鄭先生將報告書用力甩落地上，伴隨一連串對Steven的咆哮怒罵……面對暴怒的鄭先生，Steven要如何處理，才不會得罪大客戶，又能保全自己尊嚴？

談判難題

對方心情不美麗或精神不濟時，都不是切入談判的好時機。在情緒高漲的時候談判，反而容易誘發對方的過激反應。本來一樁有機會談成的交易，卻因為談的時機不對，導致談「崩」了、談「死」了，對方放狠話，使得日後再也沒有迴旋空間，這些都是一般人不樂見的結果。

這時候，「轉換」的技巧就很重要。如何轉換對方的心情？改變談判緊張的氛圍？重點在於，先讓一隻發威中的獅子，變回一隻溫馴的大貓。

談判技巧

∞ 聆聽

面對對手滿溢的負面情緒，讓他迅速消火的策略是「你說，我聽」。

美國前總統林肯（Abraham Lincoln）在和人溝通的時候，總是抱持著一個原則：「當我準備好與人們說話，我花三分之二的時間去思考他們想要聽什麼，三分之一的時間思考我想要說什麼。」

聆聽是溝通的基石，聆聽對手的需求，在之後談判的過程中適度提及並重申對手的需求，好讓對手感受到：「哦，原來你有把我的需求放在心上。」在耐心聽完對手抱怨後，記得總結一次。這樣的舉動不代表我們同意他所說的，卻能讓對手感受到：「我所說的，原來你都有認真在聽！」

談判中有一種技巧叫「摘要法」，藉由總結對方的觀點，來促成雙方的共識。運用「聆聽」再加上「摘要法」的談判技巧，讓談判對手感受到被尊重，原本不滿的情緒自然能夠緩解。

但也可能有例外。談判中，對手的生氣有時不是真生氣，也不是真的不滿意，甚至拂袖而去也不是真的想談判破局，他們可能是在「扮」生氣、「表演」不高興、「假裝」不玩了。而這一切的「演很大」，都只是為了要傳遞：「你們開的交易條件，我不滿意！」「我要你們聽我的，不准反駁我！」「我要的，你們只能退讓。」

這時候，聰明的談判老手會適度散發出「OK，我明白」的訊息。一旦對方覺得達到目的了，就不會再繼續演下去了。

∞ 沉默

對手會利用高漲的情緒，來製造緊張的談判氛圍，為的是影響我方的判斷。此時此刻，我們可以選擇「沉默是金」。

「沉默」雖然無形，卻很有力。在喧囂的當下，反而產生更震耳欲聾的力量。

不要害怕在談判中運用「沉默」技巧，特別是在面對談判對手不理性的叫囂、怒罵、挑釁時，全力反擊、一味迎合、酸言酸語等都不是正解。沉默地看著對手，像欣賞跳梁小丑般，直到對手發洩到（或演到）自己都覺得不好意思為止。

在對方情緒過激的當下，不要語出批評，尤其不應把話說死：「你這什麼態度？那我們不用談了！」一旦如此表態，對方更沒有收斂情緒的理由，因為你都說「不用談了」，那對方還冷靜下來幹麼呢？此言一出，只怕對方直接「破罐子摔破」，負面情緒即刻拉到最高最滿。

∞ 暫停

遇到雙方短兵相接，互不相讓，使談判氣氛低迷、進度遲緩的時候，可以適時喊「暫停」，讓雙方有中場休息的機會。

喊停的方式有很多：「哎呀，我等一下還要趕另一個會議，不然今天就先這樣子吧！我們下次再繼續。」「不如我們各自回去回報主管，和管理層討論一下，各自爭取看看，然後下次我們再來談吧！」「關於這部分，我不太確定有沒有符合我們公司內部政策，我先回去確認一下，回頭再和您報告好嗎？」

其實，你可能接下來沒有安排會議；你可能本人就是公司最高層，上面已經沒有主管要報告；你的公司可能根本在那個主題上沒有相關政策——但這些都不是重點，之所以要故意這樣子說，只是為了暫時先把彼此距離拉開。中場休息，是為了給彼此留個轉圜的空間、多一點冷靜再思考的時間。

∞ 情境轉化

當對方的確握有你需要的資源，擁有強大的談判籌碼時，我們就該思考——既然對方強到我們得罪不起，又不能破局，與其讓這頭獅子在談判桌上不停發威嘶吼，不如轉移他的注意力。等到他心情好一些，懶得嘶吼之時，我們再來商議。

在許多商務場合，遇到談判僵局時，有經驗的談判者會刻意邀請大家去吃飯，而且最好是坐「圓桌」、吃「合菜」，不能是方桌，也不能讓每個人各自點套餐。

原因是，在圓桌上彼此看得到對方，互相幫忙轉菜盤、夾菜、斟茶水的過程，其實就是一種「協調」。人的情緒會延續，等大夥兒吃飽飯回到會議室之後，之前「你幫我夾菜，我幫你倒茶」的記憶猶新，情緒已悄然轉換。再上談判桌，氣氛自然也就不再那麼劍拔弩張。

談判外的反思

談判中，即便是在立場非常不同、雙方很難協調，甚至衝突火爆的情境下，絕不要衝動地在談判當下和對方說「我不談了」。除非是故意的「策略性破局」，否則一旦把談判的局「說死了」，日後恐怕救不回來。

談判桌上並非只有「是」或「否」的選項，還有「如果」（Yes, No and If.）。適度地加減條件、彈性調整議題，本來淪為雙方意氣之爭的氛圍就可能被轉變，談判僵局也可以再被注入活水。談判高手從來不畏懼僵局，因為僵局就是拿來「破」的。

「情緒」在談判中，是一個強大的武器。經驗老道的談判者，不僅能控制情緒，還能駕馭情緒。別忘了，情緒可以被模仿、被渲染、被操控。藉著改變談判場景、狀態，適度換檔，控制雙方談判的節奏與心情，調整彼此都已疲乏的身心，置換對方當下的負面情緒，這些都是懂得駕馭情緒的談判高手們無形卻強大的談判技巧。

PART 3

與綿羊談判

有人是因為性格不喜爭奪，有人假扮溫馴卻是另有目的。
看似一隻好欺負的綿羊，表面上沒有什麼談判難題的存在。
但真實世界遇到這種「好康」時，
我們真能夠放膽地去大肆砍殺嗎？

第14章

綿羊有哪些類型？

如果在談判桌上，一方開什麼條件，另一方都只能滿口答應，被動地去接受對方的條件，像綿羊一般乖乖地聽話照做，這是典型的「退讓型」談判風格。

有人是因為性格不喜爭奪，有人假扮溫馴卻是另有目的。常見的綿羊大致可區分為以下四種類型：

一、**性格型綿羊**

這類綿羊個性溫和、不喜與人發生衝突、會犧牲自己成全別人。通常天生具備蠟燭型人格，燃燒自己照亮別人，甚至習慣討好。

二、背景型綿羊

當談判雙方的地位不平等，綿羊型談判風格就常發生在談判地位低、屬於談判較弱勢的那一方。特別容易出現在具有上從下屬關係的談判者之間，例如子女之於父母、下屬之於主管、弱國之於強國等。還有一些時候，因為資源不對等，造成談判弱勢方不得不成為一隻不具威脅性的綿羊，任對方予取予求，如賣方市場中的買方、買方市場中的賣方、稀缺資源的需求者等。

三、事件型綿羊

綿羊們要不因情勢所逼不得不低頭，要不因自己的個性實在是硬不起來。在談判時，若我們遇上了這種談判對手，似乎不太需要用上什麼談判技巧，就可以如我們所願，輕鬆達到談判目標。

但要注意，也有些人是因犯了錯，自知理虧，只好暫時裝乖，當隻綿羊先避避風頭。特別是在勞資關係中的談判，資方要特別小心。有時恃強凌弱，很快日後就遭到反噬。

四、策略型綿羊

偶爾在談判中，我們會遇到「扮豬吃老虎」的談判者。這種對手披著綿羊的外衣，是為了更容易操控談判的氣氛或情勢。有時假裝退讓的目的在於「以退為進」；有時溫順的外表是為了降低對手的戒備心，有利於日後談判的進行。無論如何，他們願意暫時性地收斂起原本的氣焰、利爪，配合對手演出一段溫柔似水的戲碼。

當我們在談判桌上屬於較弱勢的綿羊時，該怎麼談才能確保全自己的利益不受侵害？當我們在談判桌上「假扮」綿羊時，是否有機會從獅子嘴邊偷點肉走？「扮豬吃老虎」的策略型綿羊是個好選項嗎？什麼時候可以適用？此時談判的難度提高了！一起來看看。

第 15 章

「房屋買賣」——面對哀兵策略，真可放心攻城略地嗎？

當我們遇到一位非常喜歡我們的服務或產品的客戶，其喜愛的程度甚至已到達幾乎任人宰割的地步。此時的對方在談判中看似一隻好欺負的綿羊，表面上沒有什麼談判難題的存在。

但真實世界遇到這種「好康」時，我們真能夠放膽地去大肆砍殺嗎？要注意，有時太早亮出刀芒，到口的肥羊反而可能跑掉呢！

談判情境

君君和小新結婚後，租屋多年。最近打算買個房子，準備生個孩子。君君看上位於知名小學附近的A建案，不僅考量未來孩子的學區，也離兩人的上班地點都近，占盡地利之便，而且該建案還是某知名豪宅建商所建造，其推出的建案都有品質保證，無一不被市場追捧。

小新聽聞該建商最近將釋出A建案的最後保留戶，隨即火速聯絡負責專案的張經理，並說道：「我們看過這間房之後，馬上對其他的房子沒了興趣。我老婆真的很喜歡，她說如果沒有買到，我就不用回家吃飯了。」

張經理得知小新夫婦倆均是軍公教職，收入頗穩定，後續貸款事宜應該也不太會出錯，算是潛在優質好買家。但在商言商，張經理還是希望利潤最大化。深知這間房還有許多其他潛在買家，張經理會如何對小新出招呢？

談判難題

在所有的買賣談判中，我們首先要釐清：「對方在意什麼？要的是什麼？」有些消費者屬於「價格敏感型」，絕對精打細算，錙銖必較。但也有些人對價格並不太在意，反而更在乎品質、品牌、售後服務等。

為了滿足人們的不同需求，聰明的商人懂得利用品牌打造「尊榮感」，爭取消費者認同「品牌價值」。而這些，正是張經理為了增加房屋的銷售價格，可以再額外努力的事。

談判技巧

∞ 資訊優勢

當一個人在談判開始時就表明「我很喜歡，喜歡到不行，好想擁有它」。而你知道對方非要它不可時，某種程度你已經在談判上占了很大的優勢。

小新的表述，某種程度已經在暗示張經理「我的喜歡，是不計代價的」，這樣的表述在談判上其實對自己未來談判產生極不利的影響。有經驗的談判者，對於愈在意的談判項目，反而愈會刻意表現出「可有可無」的態度。小新夫婦在談判初階段，就將重要的「個人好惡」資訊直接揭露給談判對手，可說是犯了大忌。

得到這個資訊優勢的張經理，不必著急開價。既然兩夫妻非常喜歡這個物件，而該物件又被定位為「豪宅建商出品」，可知「價格因素」或許不是兩人的優先考量。

張經理可以藉著強調房屋其他優點，如交通便利、鄰近學區、建築品質、保值或增值性等元素，更讓小新夫婦更加堅定非買不可的決心。

∞ 極端錨點

在賣方市場中，掌握物件的賣方具有開價優勢，此時應盡可能的把開價開到「市場合理價的上緣」附近，甚至超出一點也沒關係。

張經理選定以市場合理價的最上緣作為開價起點，我們稱之為「極端錨點」。以極端錨點開完價後，張經理可以立即向對手表明「雖然還有可以談的彈性，但可能空間不大」，畢竟物以稀為貴，人人搶著要。

這裡須注意，錨點稍微超過市場價格上緣一點無傷大雅，但不能夠超過市場價格上緣處太遠。為什麼呢？因為一旦對手發現你出的價格太「超過」，可能嗤之以鼻，認為你沒有誠意，或是把他當冤大頭。此時你見苗頭不對，再回頭大砍自己一開始的出價，只會讓對方覺得你原先的出價水分很高，必然會對你喪失信任。

假使張經理的開價未能開在極端錨點的相對高點處，那就枉費他手握如此炙手可熱的物件了，日後也將使他的談判出發點處於相對不利的位置。

∞ 情緒談判：創造虛榮感

一般消費者對買房的態度可能是：「買不著A建案就算了，市場上不還有其他類似的物件可以買嗎？」通常房子的價格、CP值是決策考量關鍵。

君君為什麼非要買到A房不可？在談判中，我們得先搞清楚對方要的「利益」是什麼，除了對方在乎的關鍵要素，其他條件在談判中都相對好談。

既然「價格」不是夫妻倆在談判時的優先考量因素，即便目前市場上有其他比A建案更划算、性價比更高的物件，小新夫婦也不會因此動搖。兩人要買A建案的主要原因，可能因為它是學區房、離公司近，甚至是為了獲得心理上的「尊榮感」。

身為市場知名豪宅建商品牌，張經理可以銷售的絕對不止是實體，還有看不見的「價值」。「我賣的不單是某件商品，我賣的是獨一無二的尊榮感。」這句話常狠狠擊中許多消費者，讓他們乖乖掏錢，為虛榮心買單。

談判外的反思

想要讓談判桌的另一方，願意成為價格的「退讓者」，就必須在其他方面給予超額的滿足，比如產品品質或服務優於其他市場競爭者、產品具有市場稀缺性等。

即便有幸遇到綿羊型的談判對手，也別擺出「人為魚肉，我為刀俎」、一付準備要大開殺戒的姿態。一旦被對方發現你的開價高於市價太多，對方一定會感覺不舒服，認為你把他當「盤子客」。如此一來，不合理的高開價反而成為「阻礙成功交易的因素」（Deal Breaker），讓對方覺得受到羞辱，導致談判破局。

第16章

「假意順從」——犯錯裝乖的員工是真溫順嗎？

當你犯錯被抓到的時候，是不是只能認輸、裝乖、求饒，只求先度過風頭？這種暫時性的低頭，並不是因為犯錯的人天性溫順，而是因為自己的把柄被人抓到了，只能選擇息事寧人。

在談判桌上，要如何處理這類綿羊，才不會讓他日後卸下羊毛外衣，恢復真實身分時，還回過頭來反咬我們一口？

談判情境

阿貴在某知名廣告A公司任職時，同時自己又在外開了一家B公司。阿貴先以A公司員工名義，向A公司客戶正常報價，再私下以B

公司名義向同一客戶報出較低價格。以此模式，阿貴變相奪取A公司許多現有客戶，順利將其轉換為自己B公司的客戶。

終於，紙包不住火。某日，A公司的現有客戶向A公司管理層抱怨為何其報價永遠比市場另一家B公司高出一〇%到二〇%。經A公司調查，才發現原來阿貴一直利用職務之便，在預知公司報價後，再以B公司名義向同一客戶報出較低價。

公司無法容忍阿貴的行為，決定辭退阿貴。但是，阿貴已經私下以B公司名義與許多現有客戶聯絡，甚至已經開啟合作關係，A公司該如何讓阿貴願意把原本屬於A公司的資源還回來？

談判難題

在勞資糾紛案件中，偶爾我們會看到強勢的老闆，以得理不饒人的方式處理犯錯的「準前員工」。一旦抓到該員工的把柄，解雇的過程通常不是太美好。

表面上看起來，阿貴因為犯了錯，只能被動地接受公司懲處決定，照單全收，淪為談判桌上任人處置的綿羊。但真實世界真是如此運轉的嗎？如果處理不當，員工會否心生不滿，日後挾怨報復？處於上位的老闆們，該用什麼樣的思維來解決問題，才不會節外生枝？

談判技巧

∞ 對事不對人

處理勞資爭議時，莫因一時氣憤而被情緒帶著走。專注於解決問題本身，而非解決「人」。一味指責攻擊對方已經犯下的錯誤，只會惡化談判氣氛，於事無補。

試想，一名員工已經因為犯錯而可能被辭退，他內心或許已經恐懼害怕，有良知的還會心生懊悔和罪惡感。若在這種時刻，再多一個「得理不饒人」的老闆，員工原本心中的懊悔可能被憤怒取代，自然也就不會想去幫忙善後了。「反正都要被辭退，何必幫忙做那麼多事？」「你對我一直不好，我為什麼要幫你？」就是員工的心聲。

對於一個將要離職的員工，老闆自己要先有心理建設：當這名員工出了公司大門，就和你沒有任何上從下屬的關係了！以前員工需要領薪水，所以願意聽命於老闆，可一旦成為「前員工」，老闆就對他們完全失去控制力。

想讓犯錯的員工在離職之前，心甘情願地將先前犯過的錯誤改正、把原本屬於公司的利益返還，老闆們就得收起跋扈驕傲的模樣。忍一時風平浪靜，用理性的態度處理闖禍的員工，對事不對人，讓對方覺得他仍然「受到尊重」，也會比較願意配合善後。否則員工闖禍後，不僅不想幫忙收拾；被攆出公司大門了，做的第一件事還可能是挾怨報復，那公司可就賠了夫人又折兵。

∞ 告知不合作的後果

阿貴利用在A公司的職務之便，將原本屬於公司的利益，乾坤大挪移到自己在外偷偷設立的B公司，此行為已然觸法。

針對整個事件，A公司最重要的談判目標為何？當是希望阿貴能將原本屬於公司的相關利益予以返還；並告知受不當影響的客戶，看是否能有回復與A公司商務關係的機會。

如果阿貴願意好好配合處理善後，那麼公司可能願意不計前嫌不去追究阿貴法律上的責任。如此操作，便讓阿貴有了動機去配合公司善後。

若是一路咬死阿貴，還威脅送他進法院呢？假使A公司選擇把一名前員工「趕盡殺絕」，或許老闆可以爽快地解一時心頭之恨，但此舉會為公司帶來什麼實質上的利益嗎？

答案是沒有。與其如此，不如好好和阿貴溝通，讓他願意返還這些被挖牆腳的客戶資源，對公司才有真正的助益。

∞ 釋出善意，強調未來合作機會

既然準前員工一離開公司大門，雙方日後可能就不再有往來了，那麼阿貴日後似乎就更無須忌憚，可以光明正大搶A公司原有的客戶了嗎？

有些勞動合約中，雇主會和員工簽下「競業禁止條款」。但競業禁止條款必須符合勞動基準法的法定要件，其中包含：雇主需對勞工不從事競業行為需有「合理補償」，該競業條款才會有效。許多雇主不願意提供補償，乾脆省略競業禁止條款。但恰恰因為沒了競業條款的束縛，離職員工們前腳步出公司大門，後腳馬上跳槽敵營，開始從事「競業行為」。

阿貴既然已被辭退，現在的他更有理由明目張膽地用B公司來搶生意。這時候，身為一個聰明又有智慧的老闆，你會怎麼做？

阿貴先前的做法，明顯是用削價競爭策略，如此一來雙方的利潤都會愈來愈薄，餅愈做愈小，市場愈做愈「紅海」。此時，此時老闆不如釋放出善意，主動把一些公司因特殊原因，不願或不能接的業務（好比規模太小而被過濾掉、與潛在客戶有利益衝突而因此需要迴避的案子）轉給阿貴，化敵為友。

一個善意的舉措，可能讓原本戛然中止、不歡而散的句點，轉化成為一個新的篇章；讓原本的一次性賽局，轉換成有機會繼續合作的連續賽局。說不定，日後阿貴和老闆，反而會成為在業界裡互相幫忙、相輔相成的戰友！在現今詭譎多變的商業世界，多一個敵人，不如多一個朋友。人情留一線，日後好相見，不是嗎？

談判外的反思

在勞資爭議中，如何讓雙方心平氣和地分手，是重要的學問。會裝乖的綿羊，多半只是因為事件的發生，導致他們人在屋簷下，不得不低頭。

我在實務上就曾看過許多不歡而散的員工，事後找機會對前雇主秋後算帳、挾怨報復。他們可能會去向相關政府單位提報檢舉前雇主，甚至捏造子虛烏有的故事，只為了要讓雇主日後疲於應付勞動檢查。

請記得，「事件型綿羊」的本質，可能是凶狠的獅子，或狡滑的狐狸。如果雇主在處理事件的過程中，運用威脅、恐嚇、羞辱、怒罵等這些容易激發對方負面情緒的招式，逞了一時口舌之快，最後恐怕招致逆火（Backfire）。

第17章

「情感操控」——我拒絕被PUA！

近幾年興盛的「PUA」（Pick Up Artist）一語，起初是指男性向女性搭訕時，運用的心理操控技巧。隨著時間演進，PUA逐漸延伸為兩性間關係的操控，或透過行為來造成他人情緒上的不安、恐懼、壓力，進而乖乖就範的行為。

情場如戰場，你是否也曾在情場不小心落入對方的PUA圈套，成了一隻任人宰割的小綿羊？

有沒有方法能破解這些PUA伎倆？看穿對方計謀後，又該如何反制呢？

談判情境

阿海和女友小路交往多年。表面上看似感情穩定，但阿海實是個陰晴不定的醋罈子、控制狂。他與小路交往期間，總是把小路管得死死的。

阿海時不時會藉故對小路發脾氣，宣稱自己是「直來直往」、「有話直說」；持續地貶低小路的外貌、能力、性格，美其名是「為小路好」；再把自己的工作不順、家人生病、兄弟車禍全都歸咎於小路「命中帶賽」，讓小路心生愧疚。

看著小路臉上笑容漸失、日益憔悴，好姐妹凱莉終於看不下去，決定要幫小路好好教訓阿海一把，一一破解他的PUA伎倆，給他一點顏色！

談判難題

像小路這樣的女生，天性不喜與人發生衝突，在人群中總是安靜謙和，帶點靦腆，遇到事情即便錯不在己也常先出聲道歉，屬於典型的「性格型綿羊」。

這一種人在談判時，是最吃虧的。因為他們不擅拒絕，也不懂得表達不滿，很容易被對手占便宜、受控於他人。

性格型綿羊被欺負的場景往往不止發生於情場，也會發生於職場、商場上。好比常常承擔不該自己擔負的責任、眼睜睜地看著本屬於自己的資源或機會被別人搶走、老是在替別人收拾善後，甚至被人利用……

現在，是該跳脫任人宰割的時刻了！

談判技巧

∞ 反向心理學

如果你很在乎特定人事物，當你表現出不在乎的樣子，反而能引起對方的關注或重視。

凱莉建議小路刻意地「冷處理」阿海，因為對習慣掌控他人情緒的人來說，當對方突然變得冷淡，會讓他感到失去掌控，進而產生焦慮。此時我們正可以利用對方的焦慮來反制，以誘發他們做出符合我們期待的行為或思考。

比如，過去阿海會嚴格評判小路的穿搭打扮，但當小路不再按照他的期待行動，反而開始有自己的風格時，阿海可能會產生疑惑與不安。他或許會猜測：「小路是不是變了？是不是有了新的想法？」這種焦躁的情緒，可能會讓他開始重新在意小路，甚至改變他的行為模式。

∞ 策略性破局

男女間的交往，一方強則另一方弱，互為消長。這個時候我們可以運用「策略性破局」來測試對方反應。原本溫馴的綿羊，突然間反咬一口：「老娘不玩了！」原本較強勢的一方通常會措手不及，甚至崩潰。

當阿海又開始對小路酸言酸語時，小路可不必再急於安撫或解釋，只要淡淡地說句：「我們繼續這樣下去，好像也不是辦法。或許，我們應該拉開距離一段時間，讓彼此冷靜。」

阿海聽到若是心急，開始主動聯繫、試圖挽回，那麼這段關係或許還有調整、迴旋的空間。但若阿海依然故我、無動於衷，那麼，小路也能順勢看清這段感情的本質——或許，是時候該放手了。

∞ 暫停

在對方情緒高漲、氣急敗壞的時候，我們應該繼續運用「暫停」技巧。「你現在這種不理性的狀態，我沒辦法和你談。」讓對方懸著一顆心，卻又無處可宣洩。

姑且不論阿海這時候是因為擔心小路和他分手而焦慮，或是因為小路不受控制而焦慮，就讓他在這個不舒服的狀態中待一陣子，持續讓這種不滿的情緒發酵。這時候他會生氣、憤怒，甚至會感到困惑、害怕。阿海可能會開始質疑自己：「為何我會那麼生氣？難道是因為我真的很在意小路，或只是因為我很害怕失去掌控？」隨著不安加劇，也可能會誘發阿海重新審視自己與小路的關係。

∞ 製造假想敵

在「冷處理」阿海的這段期間，小路要大方地在社群媒體放上與朋友歡樂社交的照片，最好多呈現自己生活充實、相對有自信的一面，就是故意要讓阿海看到心裡不是滋味！

為什麼呢？這樣的動作，在談判是有意義的，一是發出訊息：「我沒有你，日子也過得有滋有味，好得很！」讓阿海意識到自己的存在，對小路而言似乎已經「可有可無」，並不是自以為的「她離不開我」。認知到這一點，日後阿海恐怕再也不敢對小路隨意拿翹；二是向阿海展示自己的ＢＡＴＮＡ：今天你離場，我也不會是一個人。老娘目前很忙，沒時間和你玩ＰＵＡ這套爛戲碼。我在你眼裡也許是顆一文不值的石頭，在別人眼中可是閃閃發光的寶石，何必繼續在你身邊受委屈？

談判外的反思

綿羊們因為個性溫馴，時常唯唯諾諾，久而久之小媳婦的形象深入人心，讓原本欺負綿羊的人們更加肆無忌憚，軟土深掘。

愈是在對手刻意貶低的時刻，愈要堅定又不失禮貌地表達自己的立場，才能彰顯出自己的價值，不容被看輕或詆毀。「我知道我是誰，我明白我的定位、我的價值在哪。」這是綿羊再柔弱也不能退讓的核心和底線。不要被對方貶損、壓制性的言行帶風向，不亢不卑的態度反而會為你帶來對方的尊重。

又假使你發現，你的「被人喜歡」，是因為別人覺得可以「利用你」、認為「你比較容易被占便宜」。此時的你，更要立即停止先前錯誤的討好行為。

不論是在感情或商場上遇到擅長 PUA 的對手，看破對方伎倆時也別急著拆穿，採用「以退為進」、「假退讓真攻擊」的策略來反制。縱使性格像綿羊，也可以藉由後天訓練，利用「裝乖」策略來脫離大野狼的控制。

第18章

「以小搏大」——極為偏頗的商業條件，我該接受嗎？

在商場上，大鯨魚或許因為背後資源豐厚、市場地位成熟、有具獨特性的核心技術、有具競爭力的供應鏈結構等種種優勢，使其強大而難以被取代。想與之談判的小蝦米們往往沒什麼籌碼，常常只能一路挨打。

小蝦米在面對大鯨魚開出的霸道條件時，該如何面對？即便目前的地位使得小蝦米們只能扮演溫馴綿羊，但這樣的綿羊們有沒有機會利用談判技巧，讓自己的讓步，不會「白白浪費」呢？

談判情境

哈利是一家小而美的設計公司老闆，擅長設計別有巧思又兼顧實用性的家用產品。雖然設計商品屢次得獎，但不知為何，商品詢問度總是不高、叫好不叫座。

因緣際會，哈利在某次商展中認識了某知名品牌商。該品牌商的設計總監很欣賞哈利的設計理念，表達出高度的合作意願。

哈利覺得這是一個絕佳的機會，可以藉由與知名品牌的合作來提高自己品牌的市場能見度，於是哈利與致勃勃地和品牌商討論起合作計畫。

不料，品牌商所謂的「合作」一系列家用產品，卻沒有打算讓哈利露出自己的品牌，哈利有如落入「外包設計師」的境地。哈利心想，這種「合作」方式實際上並沒有增加自己品牌的露出機會，也得不到他預想的經濟效益。哈利該如何和該知名品牌繼續談下去呢？

談判難題

對於位處談判低位的「背景型綿羊」，因為手上沒有資源，常常被高位對手予取予求、吃乾抹淨。特別在商業合作中，我們常看到小企業為了努力抓住身邊有限的資源，不惜對握有資源者委曲求全，只為鹹魚翻身。

哈利一心想要藉由與大牌合作，好讓自己的品牌有露出機會，但面對大品牌，似乎還是沒什麼談判籌碼。在談判桌上，哈利應該展現什麼姿態，才不會一路被大品牌窮追猛打、節節敗退？

談判技巧

∞ 不接受對方的首次條件

縱使最後仍得低頭接受資源高位者開出的條件，綿羊們也要懂得演一下「心不甘情不願」的劇碼。

太快答應對方的要求，只會讓對方懷疑自己的條件是否開得太優渥，甚至會因為你的豪爽答應，而反悔原先開出的條件，之後在談判桌上，甚至可能對你重新提出一個更惡劣的條件。

哈利面對品牌方的首次提案，一定要表現出「我不是很滿意，但還有談判空間」的姿態。讓品牌方知道，即便對方具有品牌優勢，哈利也不願意被任意拿捏。

∞ 讓步必須得到價值交換

如果你的退讓，無法得到對手承諾以某種價值來作為交換，即「犧牲」換不到任何好處——無論是當下可見的好處，或是存在於未來的潛在利益。那麼，你就沒有在談判中讓步的理由。

你可能會疑惑，我們不是小蝦米嗎？在談判中能這樣強勢嗎？這並不是強勢，而是在這種狀況下，蝦米們更要強調自己的「與眾不同」。

「正因為我有獨到之處，你這樣的市場優勢者才願意花時間和我坐在這裡談合作不是嗎？」哈利要拿出這樣的態度，並告訴品牌方：「今天我願意讓步，是著眼於未來雙方合作的機會。」

可以先讓大鯨魚占便宜一、兩次，但這絕不會是往後的常態。「我需要在什麼時間點得到貴公司什麼形式的回饋。」哈利要將目標在談判過程中慢慢開展出來，表明姿態，讓對方知道目前自己所做出的讓步，是為了以後雙方的合作價值，並不是代表「我好欺負」。

∞ 策略性讓步

讓步是一門藝術，「頻率」和「幅度」都至關重要。

讓步的頻率若是過高，會讓對方覺得我們太好拿捏，稍微擠壓就可以得到我們的讓步；讓步的幅度若是過大，對手則可能會懷疑我們先前開的交易條件，是不是灌太多水分了。

讓步通常你來我往，不論每次讓步最終是否得到對方相對應的退讓作為價值交換，每次在「讓」時，都要確實地向對方表明：「我在這裡做出讓步了，換你了！你可以給予我什麼？你願意讓出什麼？就算你現在不能讓，那你以後有機會可以給我什麼嗎？」

不要做任何未經掙扎的讓步，不要做任何不求回報的讓步，否則讓步就失去了它的價值和意義。

請記得，談判中的任何讓步，都是為了得到你想要的，都是為了向你的目標更近一步，這就是「策略性讓步」（Strategic Concessions）。讓步幅度應該愈來愈小，頻率要愈來愈低，對方才會覺得：「嗯，這似乎是你退讓的極限了！」也藉此向對方釋放出「我真的退無可退了，別再一路相逼」的訊息。

∞ 最後才願意讓步

綿羊縱使要讓步，讓步過程愈冗長愈困難，反而可能愈有利於己。一點一滴慢慢地讓，對方要一點，我才給一點。讓對方需要不停地討價還價，是為了讓對方產生一種「你的讓步，得之不易」的成就感。

此外，這也是讓對手因一路打壓你，多少產生「不好意思」的感覺。哪怕是故意要喚起對手心理上的負罪感、虧欠感，也可能是有利於未來雙方合作的開端。

當然，我們偶爾還是會遇到勝負欲極強的對手，當他們一路趕盡殺絕、占得所有好處時，會產生滿滿的成就感，反而不會有任何負罪感。當你遇到這種變態的大野狼時，綿羊們就要懂得趕快畫下讓步「底線」，做出停損了。

∞ 設定底線

哈利最不想遇到的最壞談判結果是什麼？假使哈利的品牌之後「完全沒有露出機會」，還要繼續和大品牌合作嗎？這樣的合作，意義在哪裡？此時，哈利是否應該全盤退讓？愈是一隻弱小的綿羊，其實愈要搞清楚自己的底線在哪裡。

雖然哈利因為公司是市場新進者，在資源有限的狀態下，品牌能見度不高。和知名品牌初次合作，未成氣候的他，目前似乎只有「認命」一途。但一味地去配合知名品牌開出的不公平條件，甚至讓自己變成躲在知名品牌背後「代工設計」的角色，這種合作形式並不會為哈利的品牌帶來任何效益。

哈利在一開始，即應明確設立好自己的底線和停損點。哈利要向對方表明，合作商品至少要有讓我方品牌露出的機會，例如至少商品上必須載明是由我方公司所設計。如果哈利退讓到連自家品牌露出的機會都沒有，那就失去當初他想和知名品牌合作的目標了。

一旦對方的要求超過我們底線，就應該停止退讓。如果大品牌方繼續對哈利的基本訴求視而不見，哈利此時就應該果決地選擇優雅離場。請記得，「No deal is better than a bad deal.」。有時候，沒有成交的爛交易，反而不是一件壞事。

談判外的反思

縱使最後不得不答應，綿羊們也切忌在談判一開始就擺出一付「全盤皆收」的姿態。如此一來，坐在談判桌對面的那方，反而會覺得你的同意「太廉價」。這就好比隨隨便便的告白、承諾，接收者通常不會珍惜。畢竟得到的過程太輕鬆容易，沒發生什麼成本，之後即便拋棄似乎也不足為惜，這就是人性。

談判時，我們除了要談客觀的交易條件，還要談對方的主觀心態。當可以掌握談判對手的心態時，你就能掌握好談判的下一步。

PART 4

與鴕鳥談判

遇到事情就躲起來，這是鴕鳥的天性。
無論是好言勸說，或是語帶威脅，
對方不出來就是不出來。
既然知道對方性格如此，我們何不換條路走？

第19章

鴕鳥有哪些類型？

遇到事情就躲起來，這是鴕鳥的天性。有時候是因為鴕鳥生性被動消極，不想面對；有時候卻是因為鴕鳥覺得「這根本算不上一件事」，懶得和你花時間處理；還有些鴕鳥是因為自私，反正他不談，遭受損害的也不是他；最特別的是，有些談判老手不是「真鴕鳥」，他們故意假扮成鴕鳥，目的在於把對手逼到直跺腳，好讓對手最後願意乖乖端出原本藏得很深的好條件，他們就可以坐享最豐厚的談判利益。

在談判桌上，逃避的鴕鳥型對手大致可區分為以下三種類型：

一、性格型鴕鳥

這類人天生怕事，遇到問題就逃避閃躲，覺得別人會幫他解決；或認為時間過了，問題就會自行消解。這種人怕衝突、怕麻煩，有時候甚至怕動腦筋，行事偏消極、怯懦，多半讓人無可奈何。

二、**事件型鴕鳥**

這種人並不是天生怕事，而是他們把時間看得很重要，或是非常精打細算。如果認為問題太瑣碎、事情重要性低，抑或事件的影響力不大，甚至覺得談判對手是門外漢、不懂行情，他們認為目前和你沒有談判的實益時，會乾脆「懶得處理」或「懶得理你」。

在商業職場尤其常見這類鴕鳥型對手，他不理你的原因可能有很多種，或許是你開的條件太差了、你報的價格和天花板一樣高、你的公司規模不夠大、你的產品規格不符合他們公司的要求、你提供的服務他目前不需要……總之，你找不到人，是因為他們一開始就沒想讓你找到。

三、**策略型鴕鳥**

冷漠的鴕鳥沒事不會想動作，就算有事，他們也往往覺得事不關己。即便沒有把頭埋在沙裡或逃走，也可能會冷冷地說出：「那是你的事情，與我無關。」「那是你的利益受損呀，我又不會被影響。」

甚至，有些鴕鳥覺得故意不出面解決問題，他還有機會因此「得利」。這種人的策略是：先刻意迴避原本就有時間壓力或成交壓力的對手，把對手逼到壓力邊緣線；當對方快被壓得喘不過氣時，再逼迫對手不得不讓步。有時候對手會為了一定要成交，而端出上好的牛肉。

第20章

「拖延困境」——相處難，離婚更難，我該如何讓你簽字？

遇到不願出來解決問題的談判對手，用盡各種方法——無論是好言勸說，或是語帶威脅，對方不出來就是不出來。

那麼，我們要用什麼技巧，才能讓這隻把頭埋進沙裡的鴕鳥拋開顧慮，願意坐下來解決問題？

談判情境

小陳和萱萱雙方結婚多年，在婚姻中幾經磨合後，對彼此早已沒有愛。某日，萱萱提出了離婚的要求，認為雙方的婚姻早已名存實亡，繼續苦撐下去也沒有太大的意義。

小陳拒絕太太離婚的請求，不論萱萱怎麼邀請小陳坐下來好好談談，小陳一律不理會。他的理由是：「我們整個家族目前都還沒有人離婚，我可不能當第一個。」原來小陳很在意面子問題，他覺得離婚很丟臉，死活都不願意離婚。

談判難題

「因為怕丟臉，所以不想離婚」是許多人在面對婚姻問題時，容易顯現出來的「逃避」反應。遇到瓶頸或衝突，不管三七二十一，先「躲」再說，反正婚姻不幸也不是一、兩天的事情了，繼續拖著一陣子，好像也無妨。

你想談，我就躲。談離婚的時候遇到迴避型的另一半，該怎麼辦？人在沒有愛的婚姻裡面一直浪費時間，好不容易下定決心要離婚，卻又找不到對方，難道真得一輩子卡在一段名存實亡的關係中嗎？該如何從困境中解脫，重獲新生與自由呢？

∞ 告知後果

鴕鳥會怕事，不意外。我們此時更要看穿鴕鳥的核心本質就是「怕」——換言之，此時「恐懼」才能拿捏得了鴕鳥。動之以情你不理，那我屈之以武總可以吧？我們可以製造一個讓鴕鳥更恐懼的事由，讓對方害怕到不得不出來面對。簡單來說，如果你害怕麻煩，我就製造一個情況，讓你不出來面對會更麻煩；如果你害怕丟臉，我就想方設法，讓你不出來處理會更丟臉。

既然小陳想要面子，為了讓小陳就範，需要找尋一個方法讓小陳領悟「如果不和萱萱好好談離婚，將會丟更大的面子」。

萱萱可以表明：「如果你現在不和我好好談，我將來只好尋求法律途徑，走上法院裁判離婚一途。」適時讓小陳知道，他如果繼續鴕鳥心態不出來面對婚姻問題，以後對簿公堂，他將更難低調處理。而他的需求（顧及面子）將遭受到更大的打擊和破壞。這就是典型地去提供一個「反需求」，逼迫對手正視我們的要求。

∞ 標籤法

如果一味屈之以武，威嚇相逼，把鴕鳥逼急了，鴕鳥會不會拔腿就跑？人如果跑掉了，這婚可就離不成了。

小陳是因為想繼續留在婚姻裡面，所以選擇不離婚嗎？不是，他表明「我覺得離婚很丟臉」。但為了顧及顏面，難道小陳真願意用餘生幸福來陪葬嗎？這可能未必。

這時候萱萱可以利用「標籤法」（Labeling），幫小陳找到他的真實情感，協助他確認感受，以這種方式來建立起彼此的信任。

這種技巧是在溝通過程中，談判者藉由識別對手的情感／情緒，並在適當的時機加以確認，進而促進彼此間更深入的交流。這並不是要談判者去同意對方的觀點，只是透過協助對方釐清情緒的方式，促成雙方有效溝通，最後達成解決方案。

例如萱萱可以試圖讓小陳自己意識到：「其實在這個婚姻裡，我也很痛苦。」然後在適當的時機幫助他確認，進而讓小陳理解：離開這個婚姻，某種程度對他而言也是一種解脫。

一旦小陳認知到，原來自己的內心深處，其實也是想要離婚的。如此一來，離婚成功，將不會只屬於一個人的勝利，而是成就了兩個人的平靜。在不幸的婚姻中，委屈的往往不單是一個人，是兩個人各自以不同的形式在婚姻裡各自委屈著。萱萱用引導的方式，讓小陳宣洩出心中不滿、講出內心真實感受，反而有機會促成雙方對彼此的同理，進而達成協議。

談判外的反思

從事律師這個行業，我們看過各式各樣的離婚理由，同時也看過五花八門「不想離婚」的理由。通常是小孩子年紀還太小，怕離婚會影響小孩；兩夫妻的財務捆綁在一起，要切割會很麻煩等。但令人驚訝的是，許多人打死不離婚的理由居然是「怕丟臉」。他們害怕一旦離婚，要面對來自各方的關心慰問和八卦好奇。一想到日後可能要承受這樣的壓力，他們乾脆繼續把頭埋在沙子裡，讓自己在破碎的婚姻裡得過且過。

面對擅於閃躲的鴕鳥時，談判中固然要體察對方需求，但那並不代表我們在談判時就得一味去迎合對方需求。不適切的配合，反而會讓我們陷入談判僵局。特別是當對方的「需求」和我方的「目標」恰恰相反、利益相矛盾時，我們反而要利用對方最害怕的「反需求」去「反其道而行」，以此作為將鴕鳥的頭拔出沙子堆的破口。

第21章 「話題轉移」——保險？我沒有要和你談保險這件事呀！

你是否曾有過以下類似的經驗？久未聯絡的朋友，突然有天著急地在社群媒體上發訊息給你，甚至直接打電話過來。這種時候，會找上門的通常是什麼事情呢？

可能是來借錢的（周遭親朋好友都借過一輪了，他現在是跑來向你做「二輪融資」）；可能是缺業績的（年底業績要結算了，就差你這一單）；又可能是遇到問題的（你的專業恰好可以免費幫他解決問題，醫生、律師、會計師、分析師們應該都深有體悟）。其實不少事情，當你和對方沒有交情、信任或感情基礎，都是不能勉強「硬上」的，否則一個不小心，恐怕就成為別人眼中的黑名單，甚至招致封鎖。

換個角度想，既然人生中偶爾免不了這些局面，當我們有求於人時，該怎麼進行才不會「嚇跑」朋友？讓他不會見到你就像看到鬼，如鴕鳥一樣躲起來呢？

談判情境

阿賢和小花是大學同學，小花知道阿賢從事保險業之後，一直想要向阿賢買保險。但是小花的先生——大樹，一直很排斥買保險，認為保險都是騙人的。每次只要小花和大樹提到要做人生保險規劃時，大樹就會想方設法換話題，或是以拖待變，完全的「鴕鳥心態」。

小花覺得再這樣下去不是辦法，一來她不想拖到真正出事情了才來擔憂，二來她深知保險是人生規劃中的重要工具。於是小花主動聯絡阿賢，希望阿賢能說服她先生配合，做好保險規劃。

阿賢要怎麼和固執的大樹溝通，才能讓大樹卸下防備心，建立起正確的保險意識呢？

談判難題

當一個人對特定事物存有偏見，或對某人信任感不足時，很難在這種狀況下接受資訊，更難被對方說服去改變自己原先堅持的立場。

在這種不利的情況下，切忌直接進入談判核心主題。重重阻礙在前，阿賢要如何讓大樹願意卸下心防，開始願意和自己「談」？

∞ 降低敵對感，建立信任感

在談判前階段，如果已經預料到對方戒心滿滿，切忌直接開門見山，進入主題。因為這樣操作只會讓對方在對話的一開始就把戒備心拉到最高。「先談感情，再談事情」，當對方有防備心時，千萬不要急著切入主題。

在這種時刻，應該要聊一些讓對方能夠放鬆的主題。如果他是一個重視家庭的人，你就聊今年如何規劃家族旅遊；他喜歡打高爾夫球，你就聊哪個球場環境設備最好。試圖在閒聊中，降低對方的戒備心與不自在感，讓他覺得「其實你看起來也不壞，和我還滿多共同點的」。

接下來，我們必須想辦法建立起對方的信任感。這個難度就比較高了！特別是如果你只有與對方短暫會面的幾次機會，想要在有限的時間裡取得一個人的信任，就必須有策略、有效率地「聊」。

怎麼聊，才能在短短時間裡聊出「信任感」？我們仍然要繼續維持輕鬆的聊天主題，但是要把話題巧妙地連結到我們的價值觀、對事件的看法、處理事務的原則等建立信任感的關鍵因素。

在建立起對方的信任感之前，都還不用急著切入主題。同樣的，他的重心若放在家庭，你可以聊對子女教育的方式，來體現你的教育理念；他喜歡打球，你可以談到某次開車去球場的路上，車子拋錨了，你當下如何應變處理。在有趣的話題討論中，讓對方間接了解到你的人格特質、你的原則和價值觀、你的危機處理能力等，進而對你產生信任。

∞ 探索對方排斥的真正原因

投其所好（需求）之外，也要避其所不好（反需求）。對於鴕鳥，想把他的頭從沙子裡拔出來前，不如先問問他：「嘿！你為什麼堅持把頭埋在沙子裡面？」如果鴕鳥說：「因為外頭太陽太大了。」這時候你答：「可是我幫你準備了一付很帥的太陽眼鏡耶！要不要試戴看看？」或許，鴕鳥此時就願意把他的頭從沙子中拔出來了。

阿賢在推銷保險前，要先處理一個關鍵：究竟大樹排斥保險的原因是什麼呢？保險的本質是分散風險，照道理說，沒有一個理性的人會排斥自己的風險被分散掉。在阿賢旁敲側擊後，發現原來大樹不想投保的真正主因是「每個月賺的錢都快要入不敷出了，實在不想再每個月額外負擔一筆保險費」。

現在我們知道了，原來每個月需要支付的「保險費」，正是大樹目前想要逃避的「驕陽烈日」。倘若阿賢在此時能提供他一付「太陽眼鏡」，也就是緩解財務壓力的方法，大樹可能就不會再堅持要把頭埋在沙裡了。

阿賢可以幫大樹規劃較為彈性的保險費支付方式。也可以試著在談保險費規劃的過程中，將小花引進來。既然保險是小花提議要買的，如果她也願意一起分擔保險費用，大樹肩頭上的擔子也就不再那麼重了。

∞ 先談觀念不談產品，先談本質不談銷售

要讓一個女人認同保養的觀念，絕對比一開始就要她從荷包掏出大把鈔票買昂貴的保養品來得簡單。

同理，讓大樹認同「風險分散」的觀念相對容易，但要大樹一開始就去購買保險產品，難度就高了。

許多超級業務員分享他們的成功心法：在核心觀念不清楚前，他們不會去推銷任何產品。比如做保健食品的，通常會先和人們分享健康的重要性，以及健康該如何維持或改善。等到人們認同概念之後，才會順勢把保健食品推薦出去。保險業務員則常會先和人們分享「風險分散」、「合法節稅」、「遺產規劃」等概念，等到潛在客戶認同之後，才會把相關的保單產品介紹出來。

他們幾乎很少開門見山就開始談自己要賣的產品。他們談天說地，先去了解客戶的脾氣、個性和需求，就是刻意不講銷售、不提產品。對客戶「先談觀念不談產品，先談本質不談銷售」，反而大大提升了你成交的機率。

談判外的反思

在這個世界的運作中，我們難免會有需要和不熟的人，甚至和陌生人打交道的時候。以保險業務員為例，「陌生開發」是一個將陌生人轉化成客戶、從無到有建立信任的過程。

我認識幾名做保險的朋友，其中有好幾個 MDRT（Million Dollar Round Table）的保險業精英。他們都曾經告訴我，「被拒接電話」、「訊息已讀不回」、「找不到人」是他們習以為常的日常。我不禁好奇，那他們是如何「突破重圍」成交的？與他們深入交談後，我發現高超的談判技巧正是他們的「標配」。

如何藉由談判的過程，讓對方最後買單？關鍵在於獲取對方的「信任」。這不是展示各種產品資訊，告訴對方我有多優秀、多專業。而是透過不停溝通的過程，讓對方有機會進一步了解「我這個人的本質」。包括我的原則、價值觀、理念、願景等。唯有在對方開始認同後，超級業務員才會進入銷售產品的流程……

為什麼是這樣的順序？通常當客戶認同了「人」、認同了他的「核心觀念」之後，後續的銷售自然也就水到渠成。

第22章

「欠錢不還」——該拿擺爛逃避的朋友如何是好？

有些鴕鳥天性並非屬於逃避型人格，而是因為某些事情先暫時不去處理，結果反而對他更有利，他便有了動機故意去躲起來。

「欠錢不還」就是一個典型的例子。這時候，我們要如何讓這隻奸巧的鴕鳥，願意乖乖現身呢？

談判情境

大牛是個老好人，幾乎每個朋友遇到問題都找他，其中最常見的就是來借錢。

阿志是大牛從小到大一起長大的好朋友，因為經商失敗，不得不向大牛借錢。而且這一借，幾乎把講義氣的大牛身家全部給借光光了。

阿志借錢第一年還有按月還款，但隨著時間推移，阿志還的錢愈來愈少，最後乾脆避不見面，不還錢了。

大牛的父親最近生重病，需要一筆錢來醫治，偏偏這時候那些曾經向大牛借錢的「朋友」們都不約而同地聯絡不上，阿志也不例外。大牛屢次向阿志追討欠款，均不得正面回應，不是電話無人接聽，就是訊息已讀不回。

大牛該怎麼做，才能讓阿志出來面對呢？

談判難題

明明是阿志欠款在先，然而裝睡的人叫不醒，我們該如何化解對方的不回應？如果對方一再閃躲，如何逼他出來面對？又該採取什麼策略，才不會一不小心把鴕鳥給逼急了，反而決定徹底搞消失？

∞ 最後通牒製造壓力

不要向鴕鳥提出任何開放式問題，例如：「你到底要什麼時候還錢啊？」這樣的問題通常只會換來「已讀不回」，甚至「不讀不回」。鴕鳥之所以為鴕鳥，就是因為他們根本不想回應你，你還丟個開放式問題讓他填充，無異緣木求魚。這時候要直接對鴕鳥「預告後果」，以製造心理壓力。

我們可以先給予對方一個「時間壓力」作為起手式，並照會對方「萬一錯過這個期限，將招來什麼樣的後果」。讓鴕鳥知道若繼續閃躲，不但得利不成，反而會有不好的事情發生，以此引誘鴕鳥把頭從沙子中拔出來。

例如：大牛已經向阿志屢次追討債務未果，此時就應該當機立斷設下期限，向阿志發出最後通牒。

鴕鳥若想裝死耍賴，最好的方式要不「搖醒」他，要不「驚醒」他，目的就是讓鴕鳥們「裝不下去」。

大牛大可以對阿志發個有警告意味的訊息：「請於某年某月某日某時前，與我討論還款事宜，否則之後就只好請你和我的律師談了。」若鴕鳥依舊不動如山，存證信函就別客氣了，直接寄出吧！

警告簡訊、存證信函，甚至是律師函，都只是前菜而已。真正的重頭戲在於，大牛要讓阿志知道繼續閃躲不還錢的「後果」，要明確告知阿志他之後會採取什麼樣的法律行動，會引發什麼嚴重的「骨牌效應」。一旦大牛啟動後續動作，勢必會對阿志的信用產生負面影響。未來無論是與阿志合作的商業夥伴或是金融機構，多會選擇雨天收傘，阿志的日子只會過得更艱難。

最後，大牛可以再動之以情、論之以理：「來和我商討還款計劃吧！我們都這麼多年的老朋友了，我也不想和你走到這一步，大家何必把局面弄到如此難堪呢？不要因小失大呀！」以此策略來擊破阿志的心防！

∞ 情緒談判：施加壓力

有時候，鴕鳥其實沒有那麼邪惡。他躲起來純粹只是因為他「沒招了」。好比欠款的阿志，他或許心想：「我就是沒錢呀，就算把我找出來，又能怎樣呢？」

你之前和鴕鳥可能就是好朋友、好兄弟、好姐妹，你因為對他的信任才借了他這筆錢。試想，一個躲著不還錢的朋友，常態來說，多少會有一點「不好意思」、「對不住」、「良心不安」吧？臉皮夠厚的話，大可直接擺爛不還錢，未必會選擇躲起來。

一個好的談判者，不僅要懂得觀察對手情緒、控制自我情緒，更要懂得駕馭情緒，讓情緒變成談判的武器。根據心理學研究，人類行為通常出於兩種動機：「避免痛苦」和「獲得快樂」。有趣的是，一般人想要「避免痛苦」的欲望，會比想要「獲得快樂」的欲望還來得強烈。

大牛除了預告阿志繼續閃躲下去的「惡果」，讓阿志感受未來不確定性的「痛苦」，大牛還可以加碼演出「生氣」、「憤怒」的情緒劇碼，放大阿志的羞愧心和罪惡感，讓他的痛苦指數更上一層樓。

有經驗的談判者，在談判時表現出的情緒，不一定是真的。有時只是為了要適度地讓對方感受到壓力。甚至談判桌上的「翻臉」可能也是「假破局」，目的是為了刺激對方，讓對方正視事態的嚴重性。

素來溫和好講話的大牛，都在談判桌上做到這一步了，阿志可能更害怕不處理問題的「後果」，包括法律上的行動、失去大牛這個朋友、日後因為法院不利判決所引來的骨牌效應。阿志想要「避免痛苦」的人類本能欲望，就有機會讓他乖乖現身了。

談判外的反思

要逼策略型鴕鳥出來面對，只用「動之以情」、「曉之以理」這兩招，多半不太管用。為什麼？他當初如果願意和你講義氣、談道理、有情懷、知羞恥的話，他就不會選擇背棄朋友來成全自己的利益了。

既然知道對方性格如此，我們何不換條路走？假使你「誘之以利」、「威之以刑」，讓這隻鴕鳥認知到：如果和你合作，他未來的潛在利益可能增加；不和你合作，反而他日後權益可能受損。看在趨避痛苦的份上，鴕鳥就有新的動機願意現身了。

第23章

「信口開河」——我只是逢場作戲，並沒有要認真和你做生意……

在街上巧遇一位好久不見的朋友、一位久未聯絡的合作夥伴、一位在商務場合有過一面之緣的人。你們在街角停駐片刻，互相噓寒問暖：「我們真的應該認真約一下，至少要喝杯咖啡聊聊吧！」「是啊！上次不是說好要一起吃飯嗎？結果一直沒約成。」你們倆客氣地互動了半晌，彼此點頭微笑，揮手道別。

回家後，你覺得再次巧遇真是難得的緣分，發送了封問候訊息給對方，順便提議下次碰面的時間地點。不料，對方幾日過後仍舊不讀不回。過了兩星期後，訊息的狀態呈現已讀不回。

有一種鴕鳥，他不見得是個性害羞，也不是因為怕事要閃躲，他純粹是覺得「我為什麼要花時間在你身上？」「我又沒什麼事情要和你談……」經過他縝密的算計後，認為花時間在你身上似乎「不划算」、「沒實益」，於是「懶得理你」。

此時的你，是否有被人重擊一拳的感覺？

點破這事實，或許有點扎心，但這樣的情形其實很常發生在各種人際關係中，特別會發生於商業行為裡。我們該如何見招拆招呢？

談判情境

林總是一家國際貿易公司的負責人，最近在國際商展中，認識了一位通路業務代表 Eric。Eric 對林總公司的產品似乎很有興趣，表達了強烈合作意願。會後 Eric 留下了一張名片，請林總進一步提供其公司產品簡介和相關產品價目表。

林總回到辦公室，立即著手準備了一份文情並茂的公司簡介、產品目錄和商業合作計畫書，隨後寄給 Eric。一個月過後，Eric 仍未有任何動靜。林總心想著是否 Eric 因為太忙而因此漏看了 E-mail，遂再發了一封後續追蹤信。結果收信系統顯示對方已讀郵件，卻依然沒有收到回音。

林總下一步該怎麼辦，才能讓 Eric 有所反應？

談判難題

偶爾我們會遇到這樣的狀況：對方收到訊息、電子郵件後，卻未有任何表態，對於我們的後續追蹤也不理不睬。交易對手就如同鴕鳥一般躲起來，彷彿神祕地人間蒸發了。

被「已讀不回」，甚至是「不讀不回」，我們該怎麼突破這令人困窘的處境？

談判技巧

∞ 積極探求原因

與其在一個人坐在辦公室裡空想，想破頭也不會知道到底對方為什麼不回應。林總此時不如主動出擊，最簡單的方式，就是拿起電話，試圖聯繫 Eric。

如果對方一接到林總的電話，態度顯得冷淡，林總可以簡單詢問，試著找出背後原因。倘若是因為 Eric 回去和老闆討論之後，覺得林總的產品不符公司需求，林總就可以客氣有禮地祝福對方後掛上電話，不必再糾結了。

如果對方不搭理的原因，是認為林總的報價太高，或合作方式不夠明確呢？林總這時候就有了方向，可以立刻回頭重新準備一份合乎對方需求的計畫書。在談話過程中，也可以和對方討論產品價格可以因應不同的因素而有調整，比如訂單數量、付款天期，再進一步去試探對方是否願意以增加數量、縮減付款天期，或其他配套措施以取得更優惠的價格。

如果林總打電話過去，發現接電話的人並不是Eric。林總此時可以順勢詢問對方，那接下來的接洽窗口應該去找誰。切莫傻傻地就掛上電話，放棄了得到更多資訊的機會。

∞ 給予期限

產品報價通常會隨著時間不同而變動，林總因為著眼於雙方第一次合作，提出的報價特別優惠，當然不希望這樣相對於一般正常報價來得低的優惠報價會一直拘束著他，特別是在多數原物料成本還一直不停向上漲的時刻。

林總可以在後續聯繫中表示：「因雙方首次合作，特予提供優惠的報價，此報價直至某年某月某日某時前有效，逾期我司將重新報價。」以此為誘因，敦促對方盡早回應。

∞ 謹慎確認

在和對方交手的時候，切忌窮追猛打。對方第一次忽略，可能是不小心忘了；第二次忘了，說不定是剛好在忙；第三次繼續忘記，那或許就是對方真的沒把你放在心上，這樣的姿態，表示這件事情對他不具重要性、不具急迫性。有時候，「已讀不回」、「不讀不回」本身就是一種回應。

如果林總一心只想要聯絡上對方，不受控地進行奪命連環call，或以頻繁信件連續轟炸、雪片般的訊息問候，這類行為只會讓對方倍感壓力，引起對方反感。

談判外的反思

偶爾會遇到這種困窘的時刻：你發現對方總是秒回別人的訊息，但回覆你的訊息總是慢半拍，電話永遠聯繫不上他，電郵老是呈現未讀取狀態。無論你怎麼努力地想要聯絡對方，他彷彿和你住在平行時空，不停與你完美錯過。

這讓你不禁想起年少時喜歡的對象，也許你曾在一次的大雨滂沱，將身上唯一的一把傘遞給了對方。對方客氣有禮地說了句謝謝，還說下次還傘時一起喝杯咖啡吧。但後來，那杯咖啡從沒喝過，那把傘也沒了下落。

你總算明白，一個人的「不回應」，也是一種回應。

同樣的，當一個人慣性地對你「已讀不回」、「不讀不回」，其實他已經在用他的方式回應你：「你的提案，我沒有興趣。」「你的事情，對我而言不重要。」「我懶得和你談，別來浪費我時間。」

這個時刻，若持續不識相地窮追猛打，不但得不到好處，反而還可能落得被封鎖的下場。

第 24 章

「反向操作」——你愈急，我就愈不急！

鴕鳥雖然不像獅子那樣跋扈，卻也是令一般人頭疼不已的對手。而且有時候，故意當一隻鴕鳥，反而能夠收穫原本意想不到的利潤。

有些「鴕鳥」，躲起來不是因為性格上有逃避傾向，也不是他不想成交，而是他心中另有打算。不是所有談判都需要坐到談判桌前才能開始談，適時適度地「躲起來」，以此手段來拉升談判對手的心理壓力，也是可用的談判妙招。

談判情境

小宇和伴侶凱凱，兩人最近想要換車，但車價隨著通膨趨勢，已悄然上升不少。他們聯繫了幾個相熟的汽車業務，得知原來最近經銷商正在進行銷售競賽。每一個業務人員無不使出渾身解數，積極找尋潛在客戶們喝咖啡，只為能趕快簽單成交。

某天，和小宇相熟的汽車業務阿明打電話來：「小宇哥，你上次詢問的那台車，這禮拜又成交了一台，我這邊只剩下兩台了。這個月的促銷活動真的是全年最優惠，你再不來，車子就要賣光了。你就別再猶豫了啦！」

凱凱聽到小宇轉述阿明的話，恨不得立刻去牽車，沒想到小宇卻老神在在地向凱凱說道：「我們再等一等，時候未到。這幾天絕對不要接阿明打來的電話！」個性乾脆的凱凱，實在不能理解小宇既然已經選中喜歡的車，也花了很多時間和業務員搏感情。眼看現在車子就快買不到了，凱凱不禁好奇，小宇葫蘆裡到底賣的是什麼藥？

談判難題

在買賣交易時，對手常會為了自己的「重要日期」而對談判設下時間限制。然而有時候，這可能是個話術陷阱，好比：「這種千載難逢的優惠，只到這個月底。」「這一款，全台就只剩下這一台了。」「再不買，明天可能就沒有了。」

記得，這些時間壓力，原本是限制他們的，而不是拿來限制我們的。雖然他們努力想把時間壓力轉嫁到我們的身上，但我們可別一不小心反客為主。

談判技巧

∞ 累積對方的談判成本

小宇應該盡情讓這些業務人員們花時間與他喝咖啡聊是非，讓他們花愈多時間精力在自己身上愈好。

人會有認知偏誤，對於自己投注愈多心力的人事物，愈不願輕言放棄，否則先前花費的時間精力就淪為沉默成本了。運用對手這樣的心態，小宇在談判中持續刻意累積對方的「談判成本」。

拖到對手開始著急了，心想：「就非你不可了。」「我都花那麼多力氣在這個人身上了，怎麼可以最後不成交？」當對方一心只想和你成交，產生「不計一切代價」

的心理偏誤時，就能引導對手在交易條件上讓步，以達到你心目中理想的成交條件。

在商業世界中，我們常常看到很多人拖著對方談，卻一直故意談不出個所以然，除了他可能正在故意累積對方的談判成本外，還有其他幾種可能：拖住業務，好讓他無法去市場上找其他潛在客戶，讓他沒有辦法把商品賣給別人；拖住客戶，讓他無法再去其他地方找替代的供應商，讓客戶只能找我下單；拖住供應商，讓他無法去找其他的買家，好鞏固我的貨源。

這就是典型的「我要拖住你，好讓你無法再去市場上尋求其他替代方案」。

∞ 事前準備，充分蒐集資訊

在談判前，先蒐集會影響交易的資訊，例如：車商什麼時候會有比較大的優惠活動？業務通常是在什麼時候結算業績？對方是否在某個時間點前一定要賣出貨品？那個活動是否一定要租到多少人的場地？這個人賣房子是否因為急於脫手套現，好用來支付另一間房子的貸款？

有些人對自己很有自信，認為反正到真正談判的時刻，再即興發揮就好。請記得，隨機應變固然是談判者的必備能力，但那並不代表我們事前可以什麼都不準備，就直接去現場即興發揮。事前資訊蒐集得愈充分，愈了解對方的需求和痛點，才能把對方底牌看得愈清楚，愈能為我們日後所用。

∞ 善用對方的時間壓力，以拖待變

了解對方的「重要日程時間表」之後，特別是重要的期限，如業績結算日，就可以利用這些特別的「時間壓力點」來規劃一場對己有利的談判。

隨著時間的流逝，我們持續累積對方精神上的壓力，對方逐漸焦躁難安，到瀕臨臨界值的時候，對方就可能就會願意退讓原先堅守的立場，開出新的、有利於你的條件了。

小宇此時選擇以退為進，以拖待變。那要拖到什麼時候？拖到小宇可以拿到第一個新的好條件（Good Offer）時，此刻，小宇再拿著這個新的好條件去找其他的業務們貨比三家（Shopping Around）：「你看，這個人願意給我這麼優惠的價格，那你呢？」「他願意送我這組配備，那你呢？」

只要小宇能夠撐到業務們業績競賽前的最後一刻，業務們必然會追著小宇跑。此時只要好整以暇，等待業務們端牛肉上談判桌，小宇再選擇最優惠的交易條件即可。

談判外的反思

策略性的迴避技巧，若能使用得宜，足以讓談判對手產生焦急感，讓對方最終願意低頭讓步讓利。

當一個人愈老神在在，抱著「不成交也無所謂」、可有可無的態度時，有時間壓力的談判對手會受制於懸而未決的不確定性，焦慮日增。幾經權衡後，對手可能一心為了要成交，將提出更有利於你的新交易條件，甚至會在最後一刻衝動讓步。

在談判過程中，時不時會看到這些故意「躲起來」的鴕鳥，那是因為他們看清情勢，決定要策略性地迴避對手，好讓對手在壓力中動搖。把對手「燜」（Cook）一段時間，稍加耐心等待，往往會有驚喜收穫。

PART 5

與狐狸談判

最常在談判桌上遇到的，就是狐狸型的對手。
狐狸之所以狡猾，因為他們懂得如何靈活運用
有利於自己的時間、情勢、場合，
來增加自己的談判利益。

第 25 章

狐狸有哪些類型？

在談判桌上，看到獅子的利爪在空中揮舞，你會懂得防備、知道閃避；遇到溫馴的綿羊，你如沐春風、輕鬆自在；遇到躲起來的鴕鳥，你想盡辦法，先把他找出來再說；遇到貓頭鷹，雙方合作愉快，期待下次見面，沒什麼懸念。但當我們遇到狐狸的時候……不對，你會突然發現：「為什麼我在談判時，好像都沒遇過狐狸」？

其實不是因為你沒遇過狐狸，而是你遇到的狐狸們正忙著偽裝成其他的動物。有些老奸巨猾的狐狸，會巧扮成溫馴的綿羊，好伺機咬你一口；偽裝成貓頭鷹的狐狸們，會假裝要和你合作，實則打算坑你一把。

現實談判中，我們最常在談判桌上遇到的，就是狐狸型的對手。當談判必須談出個結果時，雙方通常會選擇互相妥協、讓步，以達到一個兩邊都能接受的平衡點。這時候，狐狸們就粉墨登場！

狐狸機巧，懂得虛張聲勢、設計局勢，懂得在談判前羅織出一張權謀之網，讓談判對手掉入他預設的談判陷阱。當對手傻呼呼地把利益交出來後，還以為這是場公平的交易，甚至很划算。這就是狐狸的權謀。

狐狸的類型大致可分為三種，我將之稱為「損人型」的狐狸、「利己型」的狐狸，以及「策略型」的狐狸。

一、損人型狐狸

擅長把對手玩弄於鼓掌之間，性喜捉弄人，以製造對手惡害為己樂。對方損失多一分，損人型狐狸內心的愉悅程度便提高一分。擅於運用不同的談判策略及心理戰術，讓對手被賣掉了還忙不迭地替狐狸數錢。

二、利己型狐狸

腦筋好，懂謀略，擅計算。他未必想謀取不正當利益，但他絕對會為自己的利益打算。該他得的，可是一分都不能少。此乃「愛自己」的最高體現、「人不為己，天誅地滅」的實踐家。

三、策略型狐狸

天性非屬狐狸，但經過後天情勢分析後，他選擇轉換為一隻狐狸。原因通常是——談判桌的另一頭也正坐著一隻機巧的狐狸。他原本可能想當一隻獅子，但對方死守底線，不屈不撓；他原本可能想當一隻鴕鳥，但對方誘之以利，屈之以武，逼得他不得不出來好好談；最委屈的就是原本想當貓頭鷹的談判者，本來想與對方共創雙贏，無奈坐在談判桌上的那一方是個短視近利的傢伙，一心只想速戰速決，沒有心思想和貓頭鷹一起擘劃美好未來。

後天轉換成策略型狐狸的談判者，無論是見機轉舵，或是半受迫於不合作的談判對手進而改變談判風格，通常會在「重生」後，以「進」、「退」分別作為手上的矛與盾，以子之矛攻子之盾，和對手一路見招拆招，與「狸」共舞。

第 26 章

「臨門一腳」——簽約前的附加條件談判

最常見的精明狐狸們，時常躲在商業談判情境中，乘虛而入。他們擅於抓住關鍵時刻，故意使些手段，為的是要在緊要關頭給你添亂，接著「趁火打劫」，好逼著你因驚嚇過度神志不清，願意為他吐出多一點利益……

談判情境

大成是某專營內控系統銷售的業務總監，常年為了開發新客戶、新案源而南征北討。Josephine 是某大公司營運長，半年前在商務場合偶遇大成，兩人相談甚歡，她也認為公司的內控系統需要再升級。雙方在三個月前開始認真商議系統的規格與相關配置，一切似乎都進行得很順利，已經安排了簽約日期。

沒想到在簽約前一日，Josephine的祕書突然打了通電話給大成，表明公司雖仍有意願要購買，但是公司高層額外開出三個新條件：一、價格必須再往下調整一〇％；二、希望大成再多贈送相當於市價一百萬元的客製化顧問服務，計一百個小時；三、付款天期再多延長三十天。

談判難題

眼看原本雙方都已經講定價格，要成交了，對方怎麼可以在簽約前又突然臨時反悔，要求再降價一〇％？約定好的付款天期還要再延長？這樣還不夠，居然還要求額外贈送價值百萬的顧問服務？

如果大成因對方在簽約前新增的條件而拒簽，這三個月辛苦談判的成果，可就功虧一簣了。大成希望最後雙方還是能成功簽約，但心底又百般不願意讓這家公司用臨時威脅毀約的方式占盡便宜，他該怎麼辦？他有機會說服對方公司採用原來說好的條件嗎？

∞ 蠶食

奸詐的狐狸會怎麼取得自己的利益最大化？通常他們不會像獅子一樣大聲嚷嚷，而是會趁人不注意的時候，這裡偷一點，那裡拿一點。

「蠶食」（Nibbling）是一種談判策略，採用蠶食策略的一方，通常會趁著雙方就協議的主要部分達成共識後，持續地要求對方小幅度讓步，或是繼續增加附加條件，如要求提供額外的附加服務、優惠等。這些新衍生出來的「小小要求」，表面上看似無傷大雅，似乎不會讓對手感到太多的壓迫或不舒服。

就像蠶寶寶進食一般，一點一滴，慢慢於無形中吞噬了更多「利益」，藉由不易讓人心生防備的方式，去拿到對方更多的利益。用這種方式，是看準對手已經同意大的項目，眼看雙方達成協議就在咫尺之遙，對手往往不容易拒絕小的要求，而去破壞原本已經快談成的協議結果。

∞ 反蠶食

面對交易對手施展蠶食的小動作時，該如何因應？既然有蠶食，就必須由「反蠶食」（Anti-Nibbling）的機制來反制。

於談判的開端，我們可以先界定明確的條件、限制對方的要求範圍、時間限制等，例如設下確認所有談判條件的最後時間點，並約定在該時間點之後，任一方不得再臨時反悔或任意更改，否則願意負擔相當的賠償，以此確保談判的成果、範圍和底線不會被對手最後利用蠶食的方式侵蝕掉。

大成如果能在雙方在進行談判之初，就定下遊戲規則，日後即便遇到對方變卦，也比較有立場堅守住原先雙方已達成協議的條件。請記得，一開始就設定明確的交易框架，才能在對方提出新要求的時候，重申雙方原先談妥的協議條件，維護自身原本的權益。

∞ 退場

對方的高階主管 Josephine 在談判之初已經親自下來談了，可見對方對本次談判成果是在意的，否則高層主管不會親自下馬。

換言之，若這個案子談崩了，對方可能會覺得臉上無光；或正因為很需要引入這個系統，對方根本承受不了案子談崩的結果？公司會指派高層出馬參與談判，某種程度就是「對方在意」、「這件事是重要的」、「志在必得」的談判姿態展現。

這時候，我方若能配合前述的反蠶食策略，重申原有的協議框架、保障談判範圍和底線不能夠被對手進一步侵蝕，「否則我方也只好選擇放棄談判，不惜『退場』

（Walk Away）」。這麼下通牒是要展現出我們的態度，讓對方知道：「如果再繼續堅持芝麻綠豆大的無謂附加條件，反而會侵害到原本最重要的談判成果，得不償失。」

對於雙方達成協議後，又繼續不斷提出新要求、不講誠信的談判對手，我們不能一路退讓。否則對方以為「會吵的小孩有糖吃」，只要稍微擠壓你，便有機會額外獲得新增的利益。

大成若能在確認對方其實很需要簽下這紙合約的前提下，不妨在適當時機，直接向對手表態：「若是你再繼續出爾反爾，即使現在要以退場為代價，我也在所不惜。」此舉反而會讓有心成交的對手心生忌憚，不敢再亂提或新增附加條件。

∞ 黑臉白臉

假設試用了上面威脅「退場」策略的結果，一不小心弄巧成拙，真的把對方逼退場了，該怎麼辦？你不是真的想把這單生意談崩，還有機會救回來嗎？

這時候就要請出傳說中的白臉人物——「我們公司高層」、「我老闆」。這個人可以是真實存在的主管，也可能只是你虛擬的人設，是一個你設計出來，讓談判還有迴旋空間的人物。之前在破局的時候我們扮演「黑臉」，這時候「老闆」就要出來扮演救援投手，作為「白臉」角色。

「我老闆說，念在我們兩家公司初次合作，這次願意特別通融，破例再給您額外三％的折扣……這真的是我進公司以來看過的最低價了，請別再拗我了，不然我可能真的要去喝西北風了。」

先把白臉老闆請出場，給對方一個優惠，自己再順手補打張悲情牌，讓客戶感受到你私下有認真努力為他爭取，順便也幫他找個台階下，好讓原本已翻臉離場的對手，願意再回到談判桌上來。

「老闆」這一張牌，並非只能作為白臉，有時候更適合扮演黑臉的角色：「我主管指示我，這價格真是我們能給予的最低價了，真的不能再低了！」「我們總部政策說這條款是不能更改的呀！」「我們當員工的也是身不由己，我縱使很願意，但著實無法為您破例，還請您體諒……」

把你心目中的談判底線和框架，全都交託給「我老闆說」、「公司政策」、「市場交易常規」、「無此先例」。讓客戶明白某些框架，是不容他逾越的。

談判外的反思

狐狸之所以狡猾，因為他們懂得如何靈活運用有利於自己的時間、情勢、場合，來增加自己的談判利益，也讓對手產生一種錯覺：「就在這個節骨眼了，好像不答應也不行。」沒經驗的談判新手，遇到這種「最後一刻」的突發狀況，一時思慮不周，或許就閉著眼睛簽約了，之後才後悔。

談判過程或許冗長，很多時候狐狸們會刻意「燜」一個案子，先讓雙方都投注相當的心力時間交涉，最後再故意製造談判困境。其實故意「燜」好的談判僵局，是為了日後讓談判「假破局」。破局後，再請出白臉角色把談判「救回來」。

在經歷了心理上「一燜、二破局、三摸頭」三階段的煎熬震盪後，一般談判者，在心態上多少會覺得：「好不容易起死回生，這次可別再搞砸了。」於是滿心歡喜地接受談判成果。殊不知，這些熬人的過程，正是狐狸們一開始就設下的心理局，請君入甕。

這正是為何談判前，務必要定出自己的「框架」和「底線」，在遇到這類狀況時，你才不會輕易地被城府深的狐狸們暗渡陳倉。

第27章

「員工求去」——老闆視角：我可以給你的，不止是金錢而已

談判桌上，愈能展現靈活手腕的談判者，愈有機會得到他們想要的利益。在職場中，某些員工嘴上嚷嚷著要離職，實則是在威脅老闆趕快幫他升官加職，否則他就跳槽走人。

此時，老闆們若想留住人才，難道只有以金錢收買人心一途？在談判當中，除了有形的金錢、利益可以拿來作為談判籌碼，我們還有其他無形的談判籌碼能夠拿來利用嗎？

俗話常說：「錢未必萬能，沒有錢萬萬不能。」錢財可以滿足我們人生的基本需求。然而真正形塑我們人生的，往往不是金錢，而是信任、成就感、愛、創造力等各種無形的元素。你是否有能力帶領談判桌的另一方，看到除了金錢之外的其他可能？

談判情境

小健在知名法律事務所服務多年，表現優異的他，每年以穩定速度一路升職加薪。帥老闆對小健非常賞識，幾乎讓小健主辦事務所五成以上重要的案子。不料某日，帥老闆的桌上卻突然多了張辭職信。原來是小健想要離職了。

這可把帥老闆給急壞了，帥老闆心想：「平日他對小健不差，事務所給小健的薪資福利也都在業界水平之上，小健為什麼還想要離開呢？」經過一番明察暗訪後，原來小健近日被競爭對手高薪挖角。帥老闆心底百般不願好不容易培養起來的人才，最後卻為競爭對手所用。他該用什麼談判策略來留住小健的心呢？

精打細算的小健，心底早有打算：這兩家事務所最好為他發起搶人大戰，好讓自己的「薪情」順勢大漲一波。帥老闆看穿了小健的心思，要如何破解呢？

談判難題

面對優秀又積極進取的員工，老闆如何端出牛肉上談判桌，才能收服對方「驛動的心」？如果老闆單純和競爭對手打「薪水戰」搶人，即便今天小健因為較高的薪水而留了下來，明天他也可能因第三方開出更高的薪水而再度求去。除了加薪之外，還有其他的方法嗎？

談判技巧

∞ 盤點自己的優勢籌碼

「我有什麼是對方需要的？」摸清楚自己具有優勢的籌碼在哪裡，找到對方真的很需要你、非你不可的地方，是最關鍵的一步。

帥老闆目前可能可以給予小健的資源，包含金錢、經驗傳承、事務所職位、業界人脈、職涯發展等。這些都是帥老闆在談判桌上的籌碼，然而小健最在乎的是什麼呢？如果帥老闆有那一樣最關鍵的元素，他就具備談判籌碼上的優勢了。

假設小健就是一個見錢眼開的人，只在乎薪水的絕對數字，其餘生涯規劃、事務所升遷發展，他都不是很在意，那麼這將是一場土豪的競賽。哪個老闆願意出高價，價高者得。只是，通常用「金錢」作為單一籌碼去綁定的關係，很容易鬆動。日後只要有人願意再出更高價，原本綁定的關係即可被輕易撬開。

∞ 靈活運用不同解決方案

帥老闆如果夠聰明，就要讓小健知道，待在這間事務所不僅未來「錢途無量」，小健之前對事務所的貢獻更不會白費，他將是未來熱門的合夥人候選人。事務所還願意提供小健更好的教育訓練、給予市場上更高的能見度，例如到國外培訓、負責更重要的客戶或更大的案子等。

這些職涯發展上的助益，不僅會為小健帶來更多金錢，滿足小健想要增加薪資的需求，還會讓他在個人職位升遷上大大躍進。但如果小健現在選擇投入敵營，之前他在事務所的努力，就必須歸零，得在新的地方重新開始。

雖然不是直接提高月薪，但帥老闆願意提供其他同樣可以達到增加小健實質收入的選項，也能增加談判致勝的機率。

得知小健目前很在意金錢，帥老闆可以趁機把其他和金錢報酬掛勾的條件引進來作為解決方案，例如小健的勝訴率增加，事務所願意提高其獎金比例；或未來只要是透過小健引薦進來事務所的案子，帥老闆願意給予較高的拆帳比率。「加薪」呈現的方式，未必直接反應在每個月固定的薪水數字上，也可以彈性落實在各種分紅獎金裡，如此還能激勵小健更認真工作，一舉兩得。

藉由彈性多元的解決方案，不但吸引小健留下來的金錢需求有被滿足到，帥老闆還在談判中提供了小健其他頗具吸引力的資源，包含商業人脈、專業技能培訓、職涯發展、事務所職位升遷等。將來事務所和小健的關係，會建立在多重元素的綁定，非單一金錢誘因而已。即使日後競爭對手再次來挖角，若只是對小健提出更高的薪資作為誘餌，其他條件未能一起跟進，對手極有可能會挖角失敗。

經過一場風雨，在有智慧的調整後，帥老闆和小健未來的合作關係反而有機會變得更加穩固了。

談判外的反思

聰明的狐狸，懂得用「退讓」來得到自己想要的。

「以退為進」乍看之下，以為是在「退」，但其實日後狐狸們打算從對手身上得到更多。員工如果是「利己型」狐狸，當他發現繼續留任，未來長遠的發展可能會比現在直接跳槽敵營還要來得好時，即便薪水一時半刻成長的幅度不如預期，但那也將只是暫時性的「短空長多」。

如同本章案例的小健，他知道帥老闆給自己額外增加的工作條件紅利後，日後他將更有機會在個人職涯發展上產生躍進式的成長。

長期利益若能大於短期犧牲的成本，員工願意留下來繼續服務的機率自然就高了。愛自己的狐狸終究會為自身的未來利益打算，當下理性的抉擇將是選擇留下。

第28章

「權力平衡」——辦公室裡的利益分配戰

你是否曾在職場裡不小心捲入辦公室政治，面臨「選邊站」的困境；又或你曾目睹一場血腥的職場廝殺，最後敗下陣來的頭兒除了被「斬立決」，同一戰隊的人員也一齊被連坐誅殺。

有些老闆樂於看底下的人各自為出頭而競爭，當鷸蚌相爭，最後的贏家仍是收穫公司成長營收的老闆。

另一些老闆對辦公室政治則頭疼不已，因為鬥爭中的派系主角們，都是公司裡不可或缺的大將，老闆不想得罪任何一邊，更承受不起失去任何一員大將的後果。偏偏這些「老狐狸」們，誰也不肯退讓，老闆陷入進退維谷的兩難。

職場如戰場，面對公司中王不見王的高層鬥爭，如何讓排兵布陣的主將們願意收斂起瑜亮情節？這就考驗中間人如何調停的智慧了。

談判情境

賽門和莎莉是同期進公司的同事，兩人的工作實力和交際手腕都很優異，在升遷上的進程也差不多。一直以來，他們均把對方視為工作上的勁敵。老闆在分配兩人的工作和資源時，也格外小心謹慎，生怕一不小心點燃兩人間的戰火。

賽門負責北區業務，莎莉負責南區業務，本當井水不犯河水。最近，莎莉帶進一名新客戶，依照地理位置劃分，應該被劃入賽門的業務管區內。然而莎莉覺得不妥，該客戶是因為信任她而願意給公司機會，卻讓賽門跟進服務，莎莉認為如此安排將使該名客戶對公司失去信任感。

賽門反駁：「之前我帶進公司的大客戶，也曾因同樣理由被劃入莎莉的業務管轄範圍，業績也是算在她頭上。我之前從未抱怨，當時也沒人覺得不妥，為何現在反而有兩套標準？」與莎莉爭吵不休。

兩人都是公司不可或缺的大將，失去任何一人，對老闆而言都將是極大的損失。賽門和莎莉都是職場上的老江湖了，這次為了保全自己的利益互不相讓，劍拔弩張，已經嚴重影響到公司氣氛……

談判難題

既然兩名員工都是老闆不可或缺的手下大將，身為中間調停人，老闆要如何處理，才能讓立場對立的兩人，各自得到滿意的解決方案，願意繼續為公司賣命？

賽門和莎莉，是處於立場對立的兩方。吃力不討好的老闆，又要如何調停才不會得罪任何一方，避免弄得兩邊不是人的下場？

談判技巧

∞ 將人與問題分開

許多人在上談判桌前，已經帶著不理性的主觀情緒。進入談判過程，依舊被情緒左右，甚至對談判對手做出人身攻擊。假使對方也是一名不理性的談判者，不懂得抽離，反而跟著起舞、惡意反擊，可預見的是該場談判將陷入互相攻訐的惡性循環，進而陷入談判僵局。

面對談判對手故意的惡言惡行，最好的回應就是不隨之起舞。簡單的一句回答：

「依我們目前這個狀況，似乎不是個好的討論時機，我們再找時間。」或是轉移話題、改變場所、置換氣氛。切忌在對方情緒高點之時，還猛添柴火。

先拉開距離，等對方情緒平靜，或是攻擊性不似之前強烈的時候，才回到談判桌上。就本例而言，如果是公司的制度設計本身有問題，某甲帶進來的客戶，其獲利卻歸屬於某乙，就應回歸問題的根源來討論制度如何修改，使得原本受制度不利影響的一方能夠被公平對待；而對原先已因制度不良產生損失的一方，又該如何彌補其先前已發生的損失。

捨棄意氣之爭，回歸問題根源討論，才能有效率地解決問題。所以老闆在這個時候，應該請兩邊都去評估這樣的公司制度有何優缺點，而之前他們又因為制度受到何等程度影響。說不定莎莉和賽門各自靜下心來回顧，會發現原來自己不是只有吃虧的時候，也有占盡對方便宜的時刻，氣焰自然消下。

∞ 關注利益而非關心立場

應首先去理解對方著眼的利益，而非專注對方和自己不同的立場。還記得「分橘理論」嗎？（詳見第2章）重點是要探究當事人真正想要的「利益」，可能是想獲得橘皮，或是橘肉？而不是一味糾結於「立場」，即看誰能夠拿到那一棵橘子。

究竟莎莉為何堅持要把新客戶留在自己業務轄區？可能她純粹想要金錢上的利

益，也可能她想要繼續維持關係，才不會損害客戶對她的信任。

在前者的狀況下，客戶所反映出來的經濟價值，應由努力把客戶帶進來的莎莉獲得才對，這樣的邏輯也合情合理。但是賽門提到，他先前帶進來公司的大客戶，也曾被劃分給了莎莉，賽門當時可沒有抱怨不公平。此時如果莎莉堅持要拿到這個客戶未來的經濟報酬，那麼先前賽門引進的大客戶，以及其業績讓利予莎莉的部分，也應該分回給賽門才屬公平。

在後者的狀況下，假設客戶是因為相信莎莉、本於與其交情，才答應成為這間公司的新客戶，那麼莎莉的擔憂也合情理。一旦客戶發現負責自己業務的人員，是賽門而不是莎莉，可能就此失去信任，選擇不再繼續和這間公司維持商業關係。因為不信任而導致流失客戶，想必賽門也不樂見這樣的結果。

如何同時解除莎莉的顧慮，又能讓賽門服氣？也許可以讓莎莉在剛開始的階段先持續跟進該名客戶一段時間，再慢慢交由賽門接手。而賽門和莎莉共同服務該客戶期間的經濟利益，可以按兩人均同意的比例切分，並逐年調整。

無論莎莉反對的原因是哪一種，老闆在充分理解莎莉反對的原因後，才能對症下藥，做出合理而公平的處理，讓兩個人心服口服。

談判外的反思

夾在兩位大將中間的調停者，如同站在矛與盾的交匯點，面對雙方的言辭如箭，往往壓力如山。這時候該怎麼辦？如果一開始，調停者還不知道要如何處理各方矛盾，不如讓各方人馬先暢所欲言，不論是心中有滿腔憤怒要宣洩，或有累積已久的委屈要控訴，調停者都不應著急地去幫任何一方緩頰。

藉由適時的點頭、認同抱怨中的一方，讓對方直抒己見，使對方在這個過程中逐漸卸下心防，反而有利於調停者蒐集到能夠幫助協調談判的資訊。在還沒準備好前，調停者無須急著開始調解，免得誤觸雷區，稍有不慎反而可能觸發更大的衝突。

談判未必要走「不是你贏就是我輸」的傳統路徑。調停者可以保留多點彈性思維，激發創新方案，為對立方找出折衷權衡的方法。

與其糾結各方立場，不如認真搞清楚對立方真正在乎的點，可能是遊戲規則要公平，或金錢、利益、關係的維持。每個人著眼點不同，只要談判桌上各方需求不相互斥，有智慧的調停者，就有機會找到兩全其美的方法去化解衝突。

第29章

「合約談判」——「請容我請示上層之後再回覆。」

合約談判是一場無聲的博弈。

契約各方不時在各重要條款，諸如責任歸屬、期限劃分、關鍵數字、利益分配、違約後果等遊戲規則中你來我往地拉扯著，對每字每句也小心斟酌，深怕一個不小心替自己劃押了一紙賣身契。看似紙上作業，實則暗潮洶湧，不時暗藏鋒芒。

談合約並不比上談判桌輕鬆，對方底線是否經得起一再測試？在我們願意退讓時，要使用什麼策略，才能保全我方真正在意的條款？最重要的是，如何讓雙方簽字筆落的那一刻，是真的願意雙向奔赴目標？我們都希望此時不單是談判的結束，更是合作的起點。

談判情境

琳達是知名外商銀行法務主管，最近和A、B、C三家金融機構客戶正在研議一份創新金融商品合約。

A銀行是國內最大銀行，堅持這份合約應該要使用他們銀行的「公版」作為雙方初始的協商版本，否則這單生意他們寧願不做了。

B、C兩家銀行的態度，就顯得較為友善，知道琳達手上已經有一份已經擬好的金融商品合約初稿，均樂意以琳達提供的合約版本為初稿，進行後續合約審議。

三個月後，B銀行已和琳達任職的銀行簽訂協議；C銀行也只剩下兩個爭議點待確認，預期能在一個月內簽署完畢。

然而琳達始終無法順利與A銀行開展合約談判，A銀行還表明：「我們是全國第一大行，處理過很多類似的衍生性金融商品合約。從以前到現在，我們通常使用自己的版本當作初始協商版本，這一檔創新金融產品當然也不例外。」並提出一份非常偏頗A方利益的版本。

琳達發現A銀行的合約內容實在不與時俱進，難以作為談判基礎繼續進行，該怎麼辦？

談判難題

在商務談判中，我們常遇到資源優渥、地位崇高的市場「大咖」，理所當然地拿著充滿有利於己方條款的定型化契約，縱使這份契約中的許多條款有著不再符合市場新規則的陳舊規定，但大咖們為了怕日後修改麻煩，依然堅持不讓交易對手有變更使用其他版本契約的餘地。

遇到這類態度固執又強硬的對手，看似一隻難以撼動的獅子，然而，我們是否能用談判智慧將他轉變成一隻願意與我們「理性博弈的狐狸」呢？

談判技巧

∞ 極端錨點

當A銀行表態「遊戲規則我說了算」，只想使用自己銀行版本的合約，不想用他人版本的合約作協商。這是很常見的。因為在合約的設計中，制定的一方可以運用「極端錨點」的技巧，故意加入一些看似「苛刻」、「不便利」但仍不失合理的合約條款。而這些條款的設立，其實是為了日後讓對方拿來「討價還價」用的。

還記得我們先前談到在交易開價時運用「極端錨點」的技巧嗎？（詳見第15章）賣方為了預留買方日後回頭殺價的空間，故意將定價錨點設於市場價格上緣區，好讓買方在經過幾輪殺價之後，成交價能順利落在賣方真正預期的區間內。

合約談判也是如此。有經驗的法律專業人員，有時會故意提出條件相對嚴苛的初稿，以增加後續合約談判的籌碼。實際上，他們未必真的想設下這些嚴苛條件，那只是他們打算日後用來和對手「以物易物」用的。

需要留意，即便是「日後準備拿來刪除或讓步的條款」，表面上看似嚴苛，但實質上仍必須維持其合理性，否則只會讓對手覺得你很「沒 sense」，質疑怎麼會擬出如此不符市場慣例或規則的條款。

條款的「合理性」極其重要，假設這條款是你獨創的「發明」，恐怕對手看了之後只會嗤之以鼻，造成反效果。比如一個交易總價額為三千萬的合約，你卻自以為聰明地設計了高達一億元的違約金條款，姑且先不論這違約金條款是不是設計來給對方「刪除用」的。看到如此不合乎比例原則的違約條款，對方多半只會覺得擬約人缺乏法律素養。這麼高昂的違約金，在實務上很難如願，一旦告進了法院，法官通常大筆一揮，把不合理的違約金降到合理金額。撰擬這種天價違約金只是擬約者「自寫自嗨」，未來通常不能實現。

∞ 製造對方動機

沒有人喜歡在工作上遇到夜長夢多的麻煩，若有機會能選擇一個快速有效率的處理方法，理性的人當會如此選擇。為了讓A銀行不再固執使用自己版本，並願意讓出一步，換成以琳達的契約版本作為初始協議版本，琳達必須替A銀行製造動機，這個動機可以是「若是換成我方版本，日後可能更省事」。

琳達可以說：「您看B銀行和C銀行，也都採用了我方版本。我們就當地法規，把類似金融商品的限制、租稅細節，甚至因應這特殊交易所對應交易人應特別購買的保險條款都寫進去了。您若願意用這個版本，日後將省事很多。」「若您堅持使用貴行的版本，我們雙方恐怕得從頭到尾再把這些相對應的商品交易機制再一一寫入，您花的時間力氣只怕更多，不會更少呀！」

讓對方理解到如果使用我方契約版本，對他未來似乎好處多多，幫他產生動機願意去做出改變。此時，我們再補強：「您看，其他銀行也都使用這個版本。」A銀行看到同業也都這麼做了，自然會比較願意去跟進採用。

∞ 拋出誘餌，先發制人

假設A銀行也從善如流，採用琳達提供的合約版本了。此時的初版合約要如何設計？策略上，首先可以先拋出一個不太具有吸引力的方案或選擇，來影響對方之後的決策行為，我們稱之為「誘餌」（Decoy）。

律師常運用這個策略在合約談判的過程中，透過先發制人的優勢，讓對手在感知上先產生「心理偏誤」，接著逐漸向我方本來想要的真實目標靠攏。

擬約者通常害怕雙方約定開始協議的第一版合約，是以對方撰擬的版本為基礎，而不是己方所出的版本。因為對方所擬的合約，必然夾帶滿滿有利於對方的條款。若要想一條條去爭取、修改對我方不利的條款，還得先徵得對方同意，才能修改成功。即便一路修改到最後一刻，最終合意的合約版本可能也只落得勉強及格。

更簡單地說，「合約」就彷彿是你在找對象，你眼前如果是一個起跑點四十分的候選人，無論之後花多少時間精力去為他培養內涵、打造外表、體重管理、溝通磨合，辛苦好久的結果，可能也只勉強來到六十分及格線。倒不如你一開始就自己先找個起跑點是九十分的，即便他之後擺爛耍廢，可能都還有個八十分。

所以，當雙方必須簽下合約時，若能搶下發球權，以我方版本的合約初稿當作談判的起始點，通常最後雙方能妥協於實質上較有利於我方的條件上。

∞ 僵局化解

合約談判難免會遇到僵局。此時該如何是好？

可以重申摘錄先前已達成協議的談判要點，強調之前雙方已經達成的共識以及談判成果，讓對方心理上認知目前在這個合約談判還是有進度的，不要因為小小卡關就輕言放棄先前已經花時間得到的談判成果。

遇到合約的談判僵局時，我們也可以選擇在議題上採用「分步驟協商」的方式，將複雜問題逐一拆解為較小單位，一步步解決。這種方法的好處是化繁為簡，讓複雜的事務，像拼圖一般，一塊塊地被拆解完成。

∞ 避免極端立場

在溝通上，不要把話說滿、說死，這是談判中最重要的。唯有如此，才能保持協商的彈性。

遇到不合理而令人生氣的談判條件時，與其說：「我們絕對不可能答應您這一條件。」不如說：「這部分我們可以視未來的營運狀況，階段式地來調整。」合約永遠都可以被修改，但是你若一味堅持立場，不給對方任何迴旋餘地，恐怕只會讓對方拂袖而去，那可就真的什麼都沒得談了。

還記得嗎？談判中不是只有「Yes」或「No」，還有「If」（如果），許多事情並不是非黑即白，中間其實還有許多灰色地帶。這時候我們可以帶入「議題打包」、「黑臉白臉」的策略，來增加談判空間。

∞ 議題打包

假設有甲、乙、丙三項條款，其中對我方而言最重要的只有甲條款；乙、丙兩條對我方而言重要性相對低。好比琳達最在乎的是「違約事件條款」，因為這一紙契約是為較新穎的衍生性金融商品而設，所以風控部門對於何者會構成違約事件的條款緊盯不放，不願有任何的鬆綁或退讓。

但就A銀行而言，最在意的或許是「商品定價與計算條款」。因為該條款對交易的獲利率至關重大，故A銀行對定價所套用的模型與計算方法有一定的堅持，反而沒有那麼在意「違約事件條款」。

除此之外，A銀行還有點在意「終止契約條款」，因為該條款載明若契約提前終止時，相關衍生性金融商品的結算機制為何。如果設計稍有不慎，可能大大提高A銀行在這商品上的潛在損失。

倘若琳達是個有經驗的談判者，會懂得先向A銀行同時進攻「商品定價條款」和「違約事件條款」，A銀行勢必咬住最在意的定價條款不放。

此時琳達可承諾放行定價條款給對方，但前提是A銀行必須在違約條款讓步，爭取其同意琳達要求的內容。

倘若A銀行仍有所掙扎，此時琳達可再利用「議題打包」的技巧，提議把「商品定價條款」加上「終止契約條款」一起打包或部分讓步，來換取她真正想要「違約事件條款」版本，以此來增加雙方談判的彈性。如果A銀行仍然不同意，琳達將堅決要求守住商品定價條款。既然對方不願意讓步予我最在乎的部分，我理當也緊咬住對方最在意的不放手。

A銀行權衡後的結果極可能會選擇前者議題打包，因為商品的定價方式是A銀行不可丟失的部分。但其實就琳達的底線而言，商品定價和契約變動本視為可讓步調整、用來交換的議題。這也就是我們在一開頭所說的，刻意將乙和丙條款打包在一起，是為了讓談判對手更有意願在甲條款上對我方完全讓步。

∞ 黑臉白臉

利用「黑臉」的角色，來劃出談判的邊界，讓對手對你的「公司政策」、「主管堅持」、「內控原則」比較願意退讓。

與其強硬地向對手表態：「我方對這一點，是絕對不可能讓步給你的。」「你這樣要求，我們真的就不用談了。」此時，不如委婉地把話說成：「我也很想對你通融這一點，但我們從公司開始營運到現在，就這個部分一直很堅持。我也很無奈，這一點我真的很難幫您向上面爭取，之前都沒發生過例外。就連某大公司，他們上次說要改這一條，都沒改成功。」讓對方認知到，先前更大規模的公司都願意接受這個條件，他們似乎也沒什麼理由再繼續堅持下去了。

談判外的反思

合約談判，本質就是契約方彼此間在「信任」和「戒備」間取得平衡的一場博弈。

「聲東擊西」是談判合約中常用的技巧。剛開始的時候，我們或許先列出一長串的要求：價格、付款條件、訂單最低量、到貨時間、包裝規格等。但其實這麼多的條件中，你真正在乎的可能只有其中一、二項。

持續堅持你真正要的條件，然後在談判過程中向對手逐步釋出無關緊要的其他條件，表面上好像是你艱難地讓了幾步，但實際上是我們真正在乎的條款都被保全了，還讓對手得到了「表面上」談判勝利的滿足感。

這是策略上「重質不重量」的勝利，先讓對手誤以為在「量」的讓步上占了便宜，好比十條討論項目裡，對手贏了六條。但實際上，對手從我們這裡得到的讓步都是對我們較不重要，甚至微不足道的項目或條款。

第30章

「貸款交涉」——和銀行討價還價不是夢？

在繁華的城市裡，小資族們懷抱著對未來的憧憬，堅持不懈地努力著，渴望能換取一個屬於自己的小窩。面對日漸高漲的房價，好不容易勉強攢到頭期款後，滿懷期待地走進銀行，心中期待能順利貸得足夠金額，好買下心中那一方夢想之地。

偏偏此時，銀行貸款經理開出了無情的高利率，將小資族的買房夢瞬間打醒。小資族可有方法利用談判技巧來贏取未來的舒適小窩嗎？

談判情境

文靜是個四十出頭的熟女，在辛苦多年之後，終於有了一份不多不少的積蓄。厭倦租屋生活的她，某天在爬完山回家的路上，看到了一個很令她心動的建案。心想著若能在群山環抱的郊區擁有一個專屬於自己的小窩，那該有多好！

為了買下夢想中的房子，文靜找上了該建案旁的A銀行，但A銀行開出的房貸利率並不友善。隨後文靜找上了公司旁的B銀行，可能因為是文靜平日主要往來銀行的關係，B銀行給出的房貸利率比A銀行優惠許多。

雖然如此，文靜仍希望未來的房貸銀行是在新家旁的A銀行。畢竟日後買到房子，找一間就在家附近的銀行也比較好辦事。文靜有無機會利用談判技巧，去說服A銀行重新給她更優惠的利率呢？

談判難題

銀行通常內部有一套放款和借貸標準，因著不同客戶不同的信用評等，而適用不同的貸款利率。

文靜無法只憑虛空的言詞來說服銀行給予她較好的利率，她該做些什麼，讓自己更有「合理的基礎」向銀行爭取到更優惠的利率呢？

∞ 事前調查

文靜在正式與銀行進行二次談判前，可以積極去蒐集其他銀行的利率方案、目前的市場行情等。特別是在什麼條件下，銀行端會願意給予貸款上的優惠？這些優惠方案相關資訊，將是文靜日後與銀行談判時可用到的「第三方資訊」，來輔助她更有談判的立論與基礎。如此一來，她的談判基礎才會更有客觀的支撐，主張也才會更具說服力。

在談判過程中，事前準備愈是充分，對手愈是不敢怠慢以對。文靜做足功課後，在談判時所擺出的姿態是：「我是有備而來的，已蒐集充分的市場資訊，別想把我當市場小白來隨便唬弄。」銀行經理在看到文靜做足功課後，自然也不敢再隨意亂喊出高利率了！

∞ 替對手找出隱藏的利益

當談判對手看你不起，覺得你沒有什麼談判資源，因而給了你一個很糟糕的談判起始點時，我們該怎麼反轉？

人都是自利導向，這時候你要去幫對方挖掘有沒有什麼「潛藏的利益」是他還沒有在你身上發現到的；又或者是，有些潛在利益其實可以提供給對方，只是還沒被「製造」出來而已。

所謂「互惠」，無非就是你讓一點，我退一點。

文靜雖然目前和A銀行沒有往來，但她可以慢慢將原本B銀行的金融往來活動，逐漸移轉到A。換言之，文靜這個動作在為A銀行「製造」未來的潛在利益——今天你願意在利率上讓步，明日我願意「讓你從別的金融服務賺回來」。

∞ 連續賽局

文靜可以表示若能順利買房，未來勢必會與在住家附近的A銀行進行更多的金融合作，如開立存戶、購買其他金融產品，以提高她的談判籌碼。

一旦銀行願意用相對低的利率與她進行房貸業務，她也願意相對應地在其他金融服務和各種金融商品中，讓銀行賺取手續費。有給有拿、有來有往，於是雙方就產生了連續賽局。

銀行在認知到以後有機會「持續」地與文靜進行金融活動往來，並建立長期穩固的客戶關係之後，勢必會較願意給予文靜市場上相對優惠的利率。

∞ 務必找好最佳替代方案

利率的決定關鍵因素是信用。文靜可以找先前她長期往來的銀行，並且比較其他多家銀行，總結各家優惠條件，確認市場上願意提供她最優惠的房貸利率方案，這就是文靜的BATNA。以這個最優惠的利率方案來和銀行談判，創造競爭壓力，請目標銀行讓利。銀行此時會知道：如果堅持不讓利，後果可能就是損失文靜這名潛在新客戶。

∞ 附加條件的彈性

銀行利率不但會因不同客戶信用評等而調整，也會因利率產品的細節內容不同而有差異。即便是同樣的金融商品，也會因為客戶不同的付款條件、成交金額、下單頻率而有不一樣的折扣。

今天文靜最在乎的是「貸款利率」，假使今天她手上小有積蓄，有能力也願意去提高頭期款的比例。如此一來，銀行對文靜的貸款風險降低了，將有助於文靜向銀行爭取更好利率。而文靜在談判貸款額度與期限時，更可以先了解銀行偏好的條件，來配合調整貸款金額或期限，據此來取得相對優惠的利率。

談判外的反思

特別要提醒注意的是，金融機構通對於其各種商品和目標客群常有固定的一套內部政策、審查流程和準則，這些規範將限縮主管們能夠自由放行的權限和彈性。

若對方面露難色地向你表明：「我已經展現最大的誠意，我可以給你最好的優惠是如此，這也是我依您目前的條件，可以給出最極限的優惠。」此時的你，就別再苦苦相逼，畢竟我們不能也沒辦法去強求對方做出超越他權限以外的事情。

找到談判的節奏，但是切莫強人所難。如果談判的一方一直要求他方承諾超過其權限範圍可決定的事情，談判最後也只能落得無疾而終了。

PART 6

與貓頭鷹談判

聰明的貓頭鷹眼裡，沒有永遠的敵人，
也沒有永遠的朋友。
即便是原本不利於貓頭鷹的情況，
貓頭鷹往往有本事
把逆風轉化成大家一起向上飛的力量。

第31章

貓頭鷹是什麼樣的對手？

聰明的貓頭鷹眼裡，沒有永遠的敵人，也沒有永遠的朋友。他們永遠以「共好」為指導原則，有利可圖時大家結合在一起，利益衝突時則和對方拉開距離，但絕對不撕破臉。

與其樹立敵人，貓頭鷹多半會想著：「下次又能結合彼此利益的時刻，說不定很快就到來！撕破臉就等於抹煞掉下次合作的可能了。」所以他們樂於和競爭對手保持亦敵亦友的關係——可以合作的時候合作，該競爭的時候競爭。

貓頭鷹充分體現「理性思維」與「合作精神」，相較於衝動的獅子，有時單純只是為了發洩情緒，做出損人不利己的舉措；在貓頭鷹身上是絕對不會看到這種不理性的行為。

在商業世界裡，最常出現心思縝密又深謀遠慮的貓頭鷹類型談判者。他們善於計算利益如何才能真正地最大化，一路合縱連橫，即便今日是敵人，心胸寬大的貓頭鷹也樂於和他成為明日的朋友，只因明日的共同合作將更有利可圖。

利益在哪，貓頭鷹就在哪。即便是原本不利於貓頭鷹的情況，貓頭鷹往往有本事把逆風轉化成大家一起向上飛的力量。和盟友共同把利益做大，一起為未來的目標而努力，這就是貓頭鷹最厲害的地方。

第32章

「公司募資」——讓你投資我，並不是要你吃掉我

手上有技術但卻缺乏資金的人，好比一匹千里馬，期待被市場上手握資源的伯樂看見，讓他有機會在市場上與人一爭高下。

但另一方面，千里馬心底又擔心：若是遇到一位控制欲強的伯樂，千里馬的自主性可能大大降低，甚至被剝奪。

渴望自由馳騁的馬兒，卻又得某種程度受制於伯樂手中的彊繩。千里馬的內心在「夢想實踐」和「受控於人」之間，不停掙扎擺盪著。害怕自己的信任錯付，卻又極需得到伯樂的支持。千里馬內心的糾結，可有解法？

子揚是一名新銳廚師，自小便隨父母工作周遊列國，因為喜歡品嘗美食，發展興趣而習得了一身好廚藝。在三十而立之年，子揚即得到國際廚藝大賽大獎認可。載譽歸國的子揚，希望一展所長，創立一間兼具時尚、藝術、美味的餐廳。

在一次偶然的機會，子揚認識了大型創投公司負責人 John，他對子揚的經歷、廚藝和經營理念都深表認同，直接表明希望能投資子揚，但投資前提是創投需占過半數的股權。

子揚感到為難，身為餐廳創始人的他，認為自己應至少持有過半數的股權，以保有控制權。但 John 似乎正因想取得餐廳控制權，才如此提案。

談判難題

當我們遇到投資人與創業團隊在重大決策上意見相左時，該怎麼辦？如何討論出一個雙方可以接受的機制，讓合作機會不會因此僵局而停擺？

子揚想確保日後餐廳經營權，不旁落他人之手；John 也想確保投資標的日後發展必須受到自己的控制。表面上看起來子揚和創投公司的「立場」似乎兩相對立，兩方都希望自己的持股過半，取得餐廳控制權。但想要取得控制權背後的真正原因各為何？雙方各自在乎的點究竟是什麼？

談判技巧

∞ 了解對方利益與出發點

通常創投業者在投資時，在乎的不外兩事：「經濟利益」和「控制權」。特別是控制權，因投資人希望對其投資的公司取得某種程度參與其決策的機制，藉以控制風險，且這些要求往往會被放在投資條件書中。

John 向子揚表態，投資的前提是創投公司必須取得餐廳過半的股份，這無非就是希望獲得對餐廳的「控制權」。一旦擁有控制權，John 便可主導餐廳的重大決策，進而控制自己的投資風險在可承受的範圍之內，這是 John 所著眼的「利益」。

然而，這樣的控制權，是不是一定需要透過「股權過半」才能得到實踐呢？

∞ 利益不等同於立場

我們在第28章曾討論過，即使雙方立場不同，其各自追求的利益未必互斥。正因「立場」和「利益」是不一樣的概念。再仔細深究，有時甚至能發掘出雙方追求的共同利益。此時表面上對立的兩人，似乎也有機會藉由巧妙的安排來化解中間矛盾。

有沒有一種可能是：一方即便沒有過半數的股權，但仍然保有控制權呢？

子揚得知創投公司作出如此要求，其背後真實目的，是為確保投資人對公司的重大決策行為有一定程度的控制力。子揚可以提議，雖然他目前不能給予 John 過半數的股權，但他可以額外給予 John 下列權利，一樣可以讓創投達到原先設想要的控制目的，以保障其權益：

一、於投資條件書中加入「保護性條款」，主要用以確保投資人對公司的重大行為保有某種程度的參與度和控制力，例如變更資本結構、任何投資方董事會成員的異動、被投資公司出售重大資產等。可以給予該投資人就此等重大決策享有「否決權」，以確保未來被投資方不會在未經投資方同意下，就自行進行重大決策。

二、明確規定「清算優先權」或「贖回權」，若未來餐廳經營不善，或被投資公司未按雙方事前同意的方式經營時，John 投入的資金將優先於其他股東獲得回收，或子揚須依約定價格回購其股份，以降低 John 的投資風險，並確保其退出機制的靈活性。

三、就「董事會席次」可予以投資方保障席位，讓 John 指定一定席次的董事會成員，以增強創投對公司運作的管理和控制。

子揚很有誠意地把這些保護創投公司的機制端到談判桌上，John 現在知道自己未來對餐廳的重大決策、經營運作都將享有相當程度的參與權，而他的相關權益也能藉由加入這些保護性機制以獲得保障，John 原先堅持創投股份必須過半數的立場可能也就軟化了。

∞ 創造長期價值，而非著眼於短期財務績效

依 John 所要求的，子揚必須給予創投過半的股權。被投資者通常會因此擔心自己日後可能失去經營權、更恐懼日後成為投資者的傀儡。子揚最不希望看到的，就是自己苦心經營的公司，日後卻淪為商人交易的商品，包裝打理後再高價變賣出去。

他希望他認同的投資者，能和他一樣是抱著長期經營的心態，想把這間餐廳經營好。而他相信，如果 John 也認同他的能力與才華，在長期合作上所能收穫的長遠投資利益，絕對遠超過短期變賣的價差。若是雙方都能運用貓頭鷹的思維，就會願意建立長遠的合作關係，不單只是滿足自己需求，也會樂意盡力去滿足對方需求，唯有如此才能期待關係長久。

∞ 闡明共同目標、共同利益

子揚對餐廳需要擁有一定的股份和控制權，他才不會離開這間餐廳。一個廚師是一間餐廳的靈魂，如果少了知名廚師，餐廳招牌也會黯淡不少。而像 John 這樣的策略性投資人持股比例，通常在三〇到四〇％間，就能具備一定分量的話語權，同時不會使創辦人失去經營權；同時，讓子揚和其他共同創辦人拿到具有優勢的多數股權，才能確保其經營穩定性，對雙方未來的共同利益，即「餐廳能往好的方向發展」，至關重要。

子揚認為保有餐廳的主導經營權對他而言很重要，所以必須得到過半股權。他可以用真誠的態度向 John 闡明這個需求，告知不願控制權旁落的擔心和疑慮。

John 在充分理解後，若想成為子揚事業上的長期夥伴，或許便願意用貓頭鷹的思維，來滿足子揚的需求。而 John 依然可藉著加入前述控制機制，來保障自己身為投資人的權益。

談判外的反思

在商業世界中，投資注重「利益回收」以及「風險控管」。「股權設計」在其中絕對是門高深學問。股權若是設計得好，大家齊心為公司發展；股權若設計得不好，造成大股東權力偏頗，若再發生欺壓小股東的情事，很容易引發股東間的衝突，埋下日後拆夥的禍根。

實務上的股權結構，依不同的持股比例可大略分成三大種：絕對控制、相對控制和消極控制。其實投資在一開始的階段，彼此都還在摸索了解中。買方倒是不需要過分積極，對被投資公司取得絕對控制權並非必要——天曉得你買到的是個寶還是個雷呢？我們反而會建議謹慎的投資人利用「階段式投資」的方式，先讓大家彼此熟悉一陣子，確定彼此真的合得來，日後再逐漸增加投資方的持份也不嫌晚。

若是投資人擺出一付高高在上的姿態，大聲嚷著：「要我投資你可以，你就得乖乖簽下賣身契，把公司控制權先交上來。」這樣財大氣粗的態度，容易讓有實力的千里馬心生反感，最後反而什麼也控制不了呢！

第33章

「商業併購」——雖然我也想和你在一起，但別想偷吃我豆腐

在瞬息萬變的商場上，一家企業若想能生存長久，要能緊跟市場趨勢。機會若來了，要懂得即時把握；風險若來了，能迅速應變、化解危機，如此才能在競爭激烈的市場立於不敗之地。

「併購」就好比企業「二次投胎」的機會，若能找到合適的商業併購對象，往往是企業未來順利轉型的契機。商場上免不了爾虞我詐，在人人優先為自己利害考量的時刻，如何找到志同道合的好對象，進而願意用雙方皆滿意的條件綁定在一起，而不是委身下嫁，讓他人占盡便宜？

談判情境

A是在AI業界竄紅的新創公司，擁有超前市場的核心技術。但因近期快速擴張、財務槓桿運用不當，導致財務吃緊。

B是知名的集團企業，一心想要拓展集團在AI領域的影響力，旗下雖已有AI產業事業體，也有提供和A公司相類似的產品線，但其技術仍落後於A公司。所以對A公司表明了收購興趣。

C是市場上後起的AI產業公司，雖非龍頭但也不容小覷，這間公司希望藉由併購A公司，以擴張版圖。

A公司創辦人王董明白，日後萬一被C公司收購，其合併後的市場規模仍遠不及B集團，所以王董私心希望公司未來能被B集團收購。但B集團的范總一直在A公司估值上刻意打壓，以爭取較低的收購價，此舉讓王董心裡很不痛快。

即便如此，王董也不是省油的燈的，他打著另一個如意算盤，心想如果讓C公司在談判過程中出個相對較高的價碼，也許B公司就有所忌憚，日後不敢在估值上吃豆腐？王董雖一心如此盤算，但C公司會傻傻幫忙助攻嗎？

談判難題

英雄縱有才，時運不佳也有落魄時。那些虎視眈眈的牛鬼蛇神，此時往往就拿著索命符來占便宜了。

處於資源低位者，要怎麼臨危不亂地應對危機，甚至有機會將危機化為轉機呢？

談判技巧

∞ 以提問代替反對

當對手提出的條件不利於我方時，可以「不著痕跡」、不傷感情的反對，但是一定要反對。

如何能不著痕跡的反對？最簡單的方式是「提問」，或是提出另一個對方可能也能接受的替代方案。

面對讓人很不以為然的，尤其是與市場標準相差甚遠的條件，我們藉由事前準備所蒐集到的有利資訊，可以提問對方：「您對此案的估值標準為何？」「若不能依一般市場慣例的標準判斷，是否有特別考量？」「提出的方案如此『特別』（不利於我方），如此的設計，背後有否其合理支持因素？」

對方若自己也說不出個所以然，自然之後態度會願意放軟。

此外，在對方試圖解釋時，不要直接予以否定。這樣的舉措很容易激發對方的防禦心。我們可以換個方式表達：「關於您剛提到這個估值，我們如果將計算的依據換成另一種方式，是否會比較符合目前市場慣例／更能貼近市場標準？」提出合理的基礎再加以提問，讓對方理解你的邏輯是什麼、為何你覺得應該調整。客氣有禮地提出建議，往往比直接質疑對方更能化解對立，促使對手軟化，也較不易激化衝突。

沒有人喜歡被否決，且一般人遇到被否定很容易進入「防衛」模式，只怕屆時對方更難接受我方的觀點。這個心理因素恰恰就是為何在合作型的談判中，當雙方都仍有選擇餘地時，應盡量避免強硬直接地反駁。因為一旦否定對方，必然引起對方不快。貓頭鷹類型的談判者，為了達到合作共贏的目標，會盡力讓雙方談判過程愉快並減少衝突發生的機會，和諧的關係是將來合作順利的基石。

王董可利用客觀資訊來支撐他合理的詢問或建議，代替不客氣的反擊，如此雙方協談氣氛較和諧。王董若因估價太低便選擇生氣離場，之後想要回頭再來轉化他和B公司的談判僵局，難度就高了。

∞ 引用客觀數據

王董覺得自己的公司被低估了，而范總覺得他出了價格已經夠好了，一個想要賣價再高一點，一個想要買價再低一點，兩個人在各自位置上，各有各的立場，互不相讓。若要讓任何一方願意先去改動價格，這時引入第三方客觀的數據較有說服力。

舉例來說，我們可以到市場上去蒐集其他類似產業、財務結構、市場規模的交易來相互比較，得出一個具有可比較性的價格。這個客觀數據等同於市場願意給予A公司的估值，而且是依據較為客觀的條件所計算出來。以此向對方說明，對方相對會比較容易被A公司說服。因為這是市場願意給A的價格，而不是A公司端一廂情願開出的價格。

到底是范總出的買價確實偏低？抑或王董主觀認為自己公司被低估，但實際上公司價值並沒有他想像中的高？在做了市場調查之後，拿出客觀數據來分析比較，即可一試見真章。引用市場客觀數據來反駁對方偏頗的立場，是談判時讓對方不易反駁的利器。

∞ 告知後果，再動之以情

「你如果買不到我，我落到別人手上，日後就是你的潛在競爭對手。」王董可以委婉地讓范總明白，既然自己的公司具有領先市場的核心技術，不愁沒有投資方或買家，甚至可以主動表明此時此刻已有其他買家在向他們招手。

此舉可以讓范總明白，如果此刻因為過度糾結於價格而放棄收購A公司，一旦A公司解決目前燃眉之急，度過財務困境，日後將成為B集團市場上的勁敵。

王董除了直接表態，也應話鋒一轉地對范總說：「話雖如此，著眼於貴集團的豐厚資源，加上我方原有先進的技術，我方仍希望能夠和貴集團強強聯手。」以此提示范總：「現在C公司都在對我擠眉弄眼了，但我心仍屬意於你，所以你的開價是否別再強人所難？否則萬一我被你氣跑了，這時候可是便宜到了C公司！」

∞ 堅持底線

對於對手故意開出極不合理的低價來收購，有經驗的談判者，絕不會答應不利於己的低標作為談判起點。假設范總使用極端錨點的談判技巧，開了個不合理的低價，自然王董也要努力還價回去，切忌不戰而降。

若是一開始就放低姿態、「降格以求」，隨便答應了對方的低價，那就好比怕找不到結婚對象，於是在適婚年齡隨便選擇一個條件不般配的人成家。

在談判過程中，適度的妥協是為了能夠達到你預期目標的手段，但如在談判開始之時，未能先想清楚讓步是為了收穫什麼，只是因為震懾於對方威勢，便自願大步退讓、放棄大半權益，這樣的起手式必然是日後災難的開端。大幅度地委屈自己、一味妥協去得到的關係，就算最後成交，那也將會是「短暫的快樂」。雙方懸殊不均的地位和利益分配，勢必無法取得長久平衡，最終恐怕也無法得到「長久的幸福」。這樣的邏輯不僅適用於兩性關係，在商業上的合作更是如此。

談判外的反思

因企業文化差異導致併購失敗的經典案例，不能不提一九九八年戴姆勒－賓士（Daimler-Benz）和克萊斯勒（Chrysler）合併的過程。兩家公司試圖透過合併成為全球汽車龍頭，卻因為彼此間巨大的企業文化差異，產生不可調和的衝突。最終，因雙方的文化差異使得整合無法進行，戴姆勒決定在二〇〇七年以遠低於當初收購價的金額，出售克萊斯勒八〇%的股份。

企業在併購時，若忽視兩家公司間的歧異，一時昏頭匆忙「閃婚」，之後才發現原來彼此在各方面是如此嚴重「不合」，也只能落得分手下場。

如何避開這種風險？不如先「試婚」。所謂合併前的「試婚」階段，是在併購過程中，雙方依事前設下的階段性條件，於條件逐步達成時，再「漸進式」地收購。如此一來，雙方有機會在還沒進入正式綁定的關係之前先多觀察彼此一會兒，若是中途發現彼此不合，也都還來得及反悔。最終若能通過重重考驗，才是真正「你情我願」地走到一起。

第34章

「借勢整合」——從不起眼的供應商搖身一變策略合作夥伴

有些企業老闆很認真打拚，但總是一人形單影隻孤軍奮戰，當他年事漸高，二代兒女又不願接班，昔日的成功如同煙花一般，燦爛稍縱即逝。

另外有些老闆，你看他好像什麼都不懂，人看起來也沒特別精明，生意卻愈作愈大，團隊日益茁壯，最後連核心技術都莫名其妙地被他拿到手。這到底是為什麼？難道是他祖上有積德，平日有燒好香做好事，所以硬是比別人強運？

成功企業家的思維，和「一般人」很不一樣！「一個人走得快，一群人走得遠。」來看看他們是如何在商場上一路招兵買馬、借力使力，一步步地擴張自己事業版圖。

談判情境

阿榮從事汽車零組件買賣，因為他的產品質量好、服務佳，向來是幾大知名車廠的固定供應商。最近，某汽車關鍵零組件供不應求，三不五時出現供應短缺的狀況。各大車廠無不使出渾身解數，主動聯繫阿榮，希望阿榮把目前庫存剩下不多的關鍵零組件全數保留給自家車廠。

嘉德是一家中型車廠的老闆，深受零組件短缺之苦，總要和大廠競爭有限的供貨。但以自身公司需求量的規模，實在沒有什麼優勢。再這樣下去，公司賴以為生的固定生意，遲早都將因零組件短缺而無法交貨，最終公司恐怕只有倒閉一途。

最近又有一大廠釋出的大單，嘉德一直遲遲不敢接下這張單子，因為他無法確保供應商會提供足夠的零組件來完成生產。如果這一單順利拿下來，對嘉德躋身一線大廠無疑是大躍進，可預見之後的接單規模也會有所成長。

嘉德該如何說服阿榮，讓阿榮願意把供不應求的零組件，保留相當數量供應予自家公司，來完成這張大單呢？

談判難題

在阿榮眼裡，面對規模比嘉德公司大的同業，以下單規模、頻率、穩定性來看，可能都比嘉德公司來得更強大。零組件供應商為了保全自己的利益最大化，照理會選擇下單穩定、價格較高、具有長期關係的客戶，來優先供貨。

但公司規模不若大廠的嘉德，該如何在群狼環伺的狀態下，從供應商手中搶到供不應求的零組件？甚至，嘉德有沒有辦法進一步要求供應商承諾，未來願意提供嘉德公司穩定足量的供貨呢？

談判技巧

∞ 創新的選項

依照一般人的邏輯，如果你是嘉德，心裡會怎麼想？「我的訂單數量拚不過大廠，我的後台也硬不過大廠；若是我向供應商下單的買價再提高，可能自己就得賠錢了；但我也沒辦法向供應商保證日後繼續給他多少單子，現在公司都已經快要陷入交不出貨來的窘境了，我這個時候根本沒有任何談判籌碼去和供應商要求些什麼……是不是只能坐以待斃了？」

愈是在艱難的時刻，若是陷入固化的思想窠臼中，愈是容易得到一個「本題無解」的結論。一般人只見眼前利，但聰明的談判者會著眼未來：「我和你的共同利益，未必存在於現時，但可能存在於未來。」這就是一個創新的選項。

嘉德手上有一個又大又急的單子。與其放棄這筆大單所帶來的豐厚利潤，不如找出一個方法，讓支持他的供應商與他一起合作，用「專案型」的方式，給予供應商分潤，這就是幫供應商「製造他的未來潛在利益」。供應商一旦認知到，和嘉德合作，未來的利益會增加，自然就有動機去保留貨源，供貨予嘉德的公司。聰明的貓頭鷹，不侷限於現在，而是著眼未來，藉由創新的方式為彼此「創造」出共同可行之路。

∞ 將一次性賽局轉化成連續賽局

試想你現在是一個賣進口時裝的老闆，你會願意提供什麼樣的客人折扣，優先給他為數不多的熱門商品？是新客戶，或是回頭客？

當然是回頭客們，特別是那些固定會回來消費的老客戶。

那麼，對於第一次剛好路過、走進來看看的新客人，你會怎麼應對呢？

通常，我們會請新客人先隨意看看，不會特別一開始就先把「折扣」端出來。為什麼？這名新客人可能就只來這一次，不會有下次了；又或許，新客人屬於對價格不敏感的消費者，看到喜歡的就願意買單，沒有想殺價的意思。

如果，這位新客人在買單的時候跟你說：「老闆，這次可不可以算便宜一點？下次我好帶朋友過來！」身為老闆的你會怎麼想？「好呀！我給新客人一點好處，讓他之後幫我帶更多的新客人。」通常這個時候，老闆們會願意阿莎力地給予折扣。

這就是「一次性賽局」和「連續賽局」的基本差異。前者如同只做「一次性消費」的客人，因為關係短暫，參與者只會考量當前回合的最佳策略，如老闆照原定價賣出，不給任何折扣，因為此時人們不太有動機去和對方經營關係，所以也比較容易導致非合作行為。

但「連續賽局」就不一樣了，你會願意為彼此打造好的互動，如老闆願意給出折扣，以便創造連結，包含建立起新客戶的信任、維持與對方的良性互動。因為有多回合賽局的存在，參與者有機會基於過去對方表現而去調整策略，進而產生合作，就像拿到折扣的新客人，下次樂意帶朋友們一起過來消費。

生意人為什麼想要累積好評，努力和客戶建立起信任？因為如此一來，他的生意才不會只做一次。有了「信用」，就有機會把一次性的消費，轉化成持續產生利潤的連續性消費。

原本嘉德只是供應商眾多買家之一，下單量小又不穩定，在有這一單沒下一單的情況下，嘉德的存在對供應商而言可有可無。此時的嘉德對於供應商而言，就是個無足輕重的買家——因為供應商「看不到與嘉德長遠的美好未來」，當然不會把好處保留給嘉德。

嘉德要怎麼扭轉局勢？首先，自然是要讓供應商在嘉德這邊「有利可圖」，比如嘉德願意提高訂單量。

再來，就是要刻意建立「連續賽局」的連結：嘉德可試圖與供應商建立起一個長期、持續、可信任的關係。例如那些原本嘉德「吃不下來」的大急單，可以讓供應商分配相關利潤，以便與供應商一起發展長期有意義的關係。如此一來，供應商的角色不再只是一位供貨者，而是被提升成為一位「策略型夥伴」，供應商所收穫的利潤價值也同步提高了。

談判外的反思

古今中外，有許多原本規模不大的小公司，藉「勢」整合資源，進而華麗轉身，成為一家大公司。

華為曾經只是深圳的一家小型通訊設備代理商，一路整合相關通訊設備的研發、生產、銷售，進而掌握核心技術。

亞馬遜（Amazon.com, Inc.）一開始只是在線上銷售書籍的小公司，但憑藉著整合供應鏈和物流，順利擴展業務到多種電子商務的品項，還進一步開發了 AWS 雲端服務，打進高利潤的市場。

成功的關鍵，往往不在於一個人有多強，而在於他的「團隊」有多優秀。每間企業都有自己的強弱項。能有所突破的人，往往是最懂得整合資源的人。他們擅長找到能彼此加乘的合作夥伴，讓雙方一起成長茁壯，藉此達到「一加一大於二」的成效。

典型的貓頭鷹思維是與對手合作共好，不是單向地吞併奪取。貓頭鷹沒有要把對手原有的「一」搶過來，而是想和對手結盟，藉著雙方合作，把餅做大，好讓最後雙方可分得的利益，都遠超過原本可從對方身上掠奪到的「一」。

第35章

「夥伴反目」——昔日戰友成為今日勁敵？

曾經，你們是一起擘劃美好藍圖的共同創始人、一起為公司打下江山的兄弟、一起深夜加班的革命好夥伴，隨著時間推移，逐漸因為彼此理念不合而摩擦日增，長期的矛盾終無法化解。某次，在高壓的業績檢討會議中，日積月累的不滿終於引爆。本以為這次還是會和以前一樣，不久後就能重修舊好，在公司樓下的小酒館把酒言歡。未料隔日，他的辭職信就冷冰冰地擱在你的辦公桌上……

這樣的情節，是否有點眼熟？其實不止在職場中，還可以置換到親情、友情、愛情裡。面對各種關係的裂痕、信任的背叛、報復行為的傷痛，有智慧的貓頭鷹們會如何保持冷靜，繼續優雅向前行？

談判情境

凱蒂和美樂是從小到大的好朋友，兩人對行銷都非常有興趣。畢業之後，兩人合開了一間廣告公司一起打拚。過了幾年，廣告公司的規模愈來愈大、業績蒸蒸日上，但美樂和凱蒂間的矛盾卻與日俱增，在一次次的公司會議中，兩人時不時在所有員工面前互相指責。

某日，美樂決定不忍了，提出辭呈。凱蒂感到非常憤怒與驚訝，認為自己平時待美樂不薄，她怎麼可以在創業這條路上中途棄守？

怒氣沖沖的凱蒂，打算去找美樂一問究竟。然而，讓凱蒂真正恐懼的是，當初在創業初期，公司法律文件都未臻完善，公司和美樂間簽定的契約中並無載明「競業禁止條款」，凱蒂深怕美樂一走，會將所有的大客戶帶走另起爐灶。

凱蒂該如何處理這個危機，才有機會化為轉機呢？

談判難題

公司的「重要人物」要離職了，是否必然會與前東家勢不兩立？還有沒有機會化敵為友？

什麼是我目前有，而對方沒有的；或是對方目前仍需要我的。凱蒂要提供動機，讓提出分手的美樂，先將過去成見擱置一邊，仍然願意在未來和老戰友繼續一起把市場的餅做大。

最壞的狀況是，就算雙方做不到一起共好，至少要好聚好散。讓離職員工不會想要直接和前東家打對台，傷害到公司原本的利益。

談判技巧

∞ 尊重理解，收斂不理性的情緒

老闆對於和自己一起打拚江山的「開國元老」選擇離職時，常會覺得自己「被背叛」了，於是心生憤怒，火力全開地指責對方，甚至情緒勒索。然而這樣情緒化的行為於事無補，反而是提油救火，讓對方不滿的情緒更加高漲。

∞ 傾聽、了解原因、適度同理

員工離職的原因究竟是什麼？聰明的雇主，會優先去釐清原因，是因為薪水不夠多？對公司的制度心生不滿？還是員工早就想要自己出去打拚一番事業？

重點是要聽出對方的「需求」在哪，如果他是因為在這個地方做得沒有成就感，不想再幫人打工，那麼在這個時候即便你幫他升官加薪，他也未必會繼續接受你提供的舞台。

只要雇主願意嘗試理解對方的立場，並予以適當正面回饋，有時反而會讓離職員工心存感激地離開。更為未來雙方日後合作的契機，埋下了好的種子。特別是雇主若有心和一位「有能力」的離職員工繼續保持合作關係，更要先作為一名好的傾聽者，先談「感情」再談「事情」，化解了對方的心結，未來的合作關係才會長遠。

∞ 提供支持，把餅做大

市場永遠有新的客戶、新的案子。換言之，就一位前雇主和離職員工之間，彼此之間並非屬於「零和利益」。必要的時候，若老東家願意提供離職員工支持，大家日後彼此引薦適合的案子，產生了良性互動，反而可以產生具信任度的策略聯盟。

雇主在員工離職後的表態，往往是雙方能否建立信任關係的第一步。若雇主願意在員工離職後，主動幫離職員工引薦適合對方處理的案子，或是給予自己無法承接的案子，離職員工自然能感受到前東家的善意，日後雙方也較容易建立起信任關係。

凱蒂最害怕的是美樂將所有的大客戶帶走，而且更糟糕的是，當初在兩人的勞動契約裡並沒有載明「競業禁止條款」，換言之，今天就算美樂光明正大把大客戶撈走，那是她有本事，不需要負任何法律上的責任。

∞ 囚徒困境：不要濫用我的信任

此時，沒有「競業禁止條款」護身的凱蒂該怎麼辦？

「囚徒困境」是賽局理論中的一個經典模型：兩名囚犯在無法溝通的狀況下，面臨不同的抉擇將導致不同的後果，而兩者決定又互為影響。他們分別可以選擇舉發對方，或保持沉默。

如果雙方都保持沉默，都不舉發對方的結果，則兩人均將獲得較輕的刑罰，例如各自服刑一年；如果雙方都選擇舉發對方，則各自都將面臨較重的刑罰，例如各自服刑五年；如果一人舉發對方，另一人卻選擇沉默，舉發者將獲得無罪釋放，但沉默者得面臨最重刑罰，例如十年。這個模型顯示出，對於個體有利的選擇，即「背叛對方」，有機會導致集體不利的結果——兩人都將獲得更長的徒刑。

我們若將「囚徒困境」模型套用到這個案例來看，假設美樂堅持要把大客戶帶走（背叛），那麼凱蒂一定也會開始和美樂在市場上爭奪客戶（背叛），雙重背叛會得到「囚徒困境」裡的最差後果——兩人都將獲得較不利的經濟效益，且彼此進入惡性競爭。這也解釋了為什麼很多產業走入紅海市場，利潤因惡性競爭變得愈來愈薄，到最後，在市場上裡的每一方都得不到好處，無利可圖。

假設凱蒂和美樂都屬於聰明的貓頭鷹類型，自然會明白惡性競爭只會造成大家日後在產業裡面愈來愈無所獲。唯有在信任和合作的基礎上，大家策略聯盟，才能保障雙方都有合理的利潤。

雖說商場如戰場，但刀光劍影未必是長久之計。報復性的商業行為，看似掠地掠利，實則耗損資源，殺敵一千往往也自損八百。務實點來說，再多的新仇舊恨，都不值得以「讓自己過得更不好」為代價作為報復。

談判外的反思

昔日戰友成為今日勁敵的例子不勝枚舉，美國線上網路公司（AOL Inc.）和網景（Netscape）就是因為創辦人的分裂，最後導致公司崩壞的例子。一九九八年，美國線上收購了網景，網景的共同創辦人馬克・安德森（Marc Andreessen）卻因為和美國線上管理層在公司方向和策略上的分歧，選擇離開，並創建了與美國線上相互競爭的公司Loudcloud，最後導致網景迅速衰退，在二〇〇三年停止營運。

由此可見，對於離棄的「舊愛」，若是處理稍有不慎，很可能危及原公司，將原有的基礎成果一起賠了進去，甚至一蹶不振。

有智慧的老闆們，面對求去的合夥人、元老級功臣、一手栽培的員工……在離別時刻，切忌過激的情緒化反應。更應撇開成見，試圖以貓頭鷹的邏輯和理性思維去說服對方未來一同共利，替代相互砍殺。如此一來，反而有機會讓市場參與者各得其所，維持合理利潤和市場平衡。

想要適用上述雙贏的方法，前提是對方必須也是隻有智慧的貓頭鷹，萬一遇到的對手打算玉石俱焚，也不能一味固守退讓。這時就應該果決地變身成獅子，在對方準備用不正手段攻地掠地之前，直取其破綻先行進攻，結束一場未曾真正開始的惡鬥。

國家圖書館出版品預行編目 (CIP) 資料

識人談判課：直指人心的五大談判風格，讓你精準談出好關係、好工作、好人生！／無糖律師 著. -- 初版. -- 臺北市：遠流出版事業股份有限公司，2025.03
面； 公分

ISBN 978-626-418-121-1（平裝）

1.CST: 商業談判 2.CST: 談判策略

490.17 114001190

識人談判課

直指人心的五大談判風格，讓你精準談出好關係、好工作、好人生！

作者／無糖律師

資深編輯／陳嬿守
美術設計／謝佳穎
內頁排版／魯帆育
行銷企劃／舒意雯
出版一部總編輯暨總監／王明雪

發行人／王榮文
出版發行／遠流出版事業股份有限公司
104005 台北市中山北路一段 11 號 13 樓
電話／（02）2571-0297 傳真／（02）2571-0197 郵撥／0189456-1
著作權顧問／蕭雄淋律師
2025 年 3 月 1 日 初版一刷

定價／新台幣 400 元（缺頁或破損的書，請寄回更換）

ISBN 978-626-418-121-1

遠流博識網 http://www.ylib.com E-mail: ylib@ylib.com
遠流粉絲團 https://www.facebook.com/ylibfans